Bibliografische Information der Deutschen Nationalbibliothek:

Die Deutsche Bibliothek verzeichnet diese Publikation in der Deutschen Nationalbibliografie; detaillierte bibliografische Daten sind im Internet über http://dnb.d-nb.de/ abrufbar.

Impressum:

Druck und Bindung: Books on Demand GmbH, Norderstedt Germany
ISBN: 9783640634736

Dieses Buch bei GRIN:

http://www.grin.com/de/e-book/151843/das-duale-rundfunksystem-in-deutschland-und-seine-standortfolgen

Fabian Seyffarth

Das Duale Rundfunksystem in Deutschland und seine Standortfolgen

The Dual Broadcasting System in Germany and impacts on Locations

GRIN Verlag

Bachelorabschlussarbeit

Wintersemester 2008/09

Das Duale System im Rundfunk Deutschlands und seine Standortfolgen

The Dual Broadcasting System in Germany and impacts on Locations

Fabian Seyffarth

Inhalt

1 Einleitung

Ziel dieser Arbeit ist es, die Standortfolgen der Rundfunkstruktur in Deutschland darzustellen und zu erklären. Zu diesem Zweck soll als Erstes die Entwicklung des Rundfunks in Deutschland, hin zum Dualen Rundfunksystem, dargestellt werden. Denn schon in der Historie des Dualen Rundfunksystems sind genau die Voraussetzungen entstanden, die zu dem heutigen Standortgefüge geführt haben. Nach dem einleitend ein kurze Definition für den Begriff „Duales Rundfunksystem" gegeben wird, werden die zwei Rundfunkarten, nämlich der private und der öffentlich-rechtliche Rundfunk, differenziert betrachtet. Dies ist besonders wichtig, da aus den speziellen Gegebenheiten der jeweiligen Rundfunkart grundlegend unterschiedliche Standortentscheidungen resultieren. Aus der Analyse der Rundfunkarten und aus der wirtschaftlichen Bedeutung für ihre Standorte lassen sich erste, direkte oder mittelbare bzw. wirtschaftliche Standortfolgen ableiten. Im Folgenden werden die differenzierten Analysen zusammengeführt, um so Aufschluss über besonders bedeutende Rundfunkstandorte in Deutschland zu gewinnen. Das Wirkungsgefüge an diesen „Medienstandorten" wird anschließend dargestellt, um die weiteren Standortfolgen des Dualen Rundfunksystems zu verdeutlichen. Abschließend werden ausgewählte Ergebnisse der Analysen auf konkrete Beispiele aus der Stadt Köln projiziert.

2 Definition: Duales Rundfunksystem

Bei den Recherchen zu dieser Arbeit konnte keine allgemein gültige Definition für den Begriff „Duales Rundfunksystem" ausfindig gemacht werden. Da aber aus verschiedener Literatur eindeutig hervorgeht, welche Merkmale das Duale Rundfunksystem in Deutschland ausmachen, lässt es sich wie folgt definieren: In Deutschland versteht man unter dem Begriff „Duales Rundfunksystem" das Nebeneinander von privatem und öffentlich-rechtlichem Rundfunk (Hanke 1996:44). In vielen Veröffentlichungen wird auch vom „Zwei-Säulen-Modell" gesprochen (Hoffmann-Riem 2000:32). Rundfunk definiert sich wiederum als Gesamtheit aus Hörfunk und Fernsehen. Die wesentlichen Unterschiede zwischen privatem und öffentlich-rechtlichem Rundfunk, welche diese Arbeit später noch genau darstellen wird, liegen u.

a. in ihrer spezifischen Finanzierung. Während der öffentlich-rechtliche Rundfunk durch allgemeine Rundfunkgebühren finanziert ist, muss der private Rundfunk sich privatwirtschaftlich, vor allem durch Werbeeinnahmen, finanzieren (vgl. 5). Darüber hinaus hat der öffentlich-rechtliche Rundfunk einen so genannten Programmauftrag, durch den er eine Grundversorgung gewährleisten muss. Von dieser Aufgabe ist der private Rundfunk ausgenommen, was nicht bedeuten soll, dass er keiner Kontrolle unterliegt (vgl. 5.2.1). Wie die heutige Struktur des Dualen Rundfunksystems in Deutschland entstanden ist, wird in den nun folgenden Kapiteln behandelt.

3 Mediensituation vor dem Dualen Rundfunksystem in Deutschland

Eine starke Ausbreitung des Rundfunks in Deutschland erfolgte während der Zeit des Dritten Reiches. Die Nationalsozialisten bauten den, noch in den Kinderschuhen steckenden, Rundfunk sehr konsequent aus. Sie trieben sowohl den technischen Fortschritt, in Form des Volksempfängers, als auch den ideologischen Fortschritt, in Form der Volkspropaganda, voran. Im Nachhinein konnten die Schwächen und Gefahren der Instrumentalisierung eines Massenmediums unter totalitärer Kontrolle, wie der Rundfunk in der nationalsozialistischen Phase, erkannt und ihnen Rechenschaft getragen werden (Gurda 1995:3ff.). Schon die Rundfunkordnung der Nachkriegszeit, welche sich vorwiegend an den Vorstellungen der Alliierten orientierte, hatte die Prämisse, einer solchen Instrumentalisierung in der Zukunft keinen Raum mehr zu lassen. Vorbild dieser „neuen“ Rundfunkordnung war in erster Linie die „British Broadcasting Corporation“ (BBC) (Hoffmann-Riem 2000:23). Die neue Rundfunkordnung sah vor allem Staatsferne, Dezentralisierung und Gebührenfinanzierung vor (Gurda 1995:3ff.). Anders als in Großbritannien entschied man sich in Deutschland jedoch für eine öffentlich-rechtliche Rechtsstruktur (Hoffmann-Riem 2000:23). Diese damals festgelegten Grundsätze für den Rundfunk prägen ihn bis heute. So entstanden in den westlichen Besatzungszonen bereits sechs regional tätige Rundfunkanstalten. Die Amerikaner errichteten in ihrer Besatzungszone schon frühzeitig einen Sender für jedes Bundesland (Gurda 1995:3ff.). Die insgesamt sechs Landesrundfunkanstalten, welche zum Teil noch für mehrere Bundesländer verantwortlich waren, schlossen sich im Jahr 1950 zur „Arbeitsgemeinschaft der öffentlich-rechtlichen Rundfunkanstalten der Bundesrepublik Deutschland“ (ARD) zusammen (Müderler 2009). Somit wurden in der Nachkriegszeit nicht nur Grundlagen, sondern auch Standorte des Rundfunks geschaffen. Beispielsweise wurde nach der kriegsbedingten Zerstörung des Senders in Langenberg das neue Funkhaus des WDR in Köln errichtet, wo es sich bis heute befindet (Westdeutscher Rundfunk (Hrsg.) 2009). Die Folgen, die eine solche Ansiedlung bis heute hat, werden an späterer Stelle erläutert.

Die Rundfunkhoheit lag, mit Erlangen der vollen Staatssouveränität im Jahr 1955, wieder in der Hand des Staates. An dieser Stelle sei darauf hingewiesen, dass es in der sowjetischen Besatzungszone gänzlich andere Entwicklungen gab. Hier wurde erneut ein staatsgelenktes, totalitäres Rundfunkprogramm eingerichtet. (Gurda 1995:3ff.). Die Entwicklung in Westdeutschland, in den folgenden Jahren, führte zu der Herausbildung des Dualen Rundfunksystems.

4 Herausbildung des Dualen Rundfunksystems: Grundlagen heutiger Standorte

Betrachtet man die Herausbildung des Dualen Rundfunksystems im Ganzen, so lässt sich erkennen, dass im Wesentlichen die Entwicklungen auf drei unterschiedlichen Gebieten zu einem Nebeneinander von privatem und öffentlich-rechtlichem Rundfunk geführt haben. So lassen sich (1.) neue technische Übertragungsmöglichkeiten und (2.) die Unzufriedenheit einzelner Parteien über die politische Berichterstattung des öffentlich-rechtlichen Rundfunks als Impulsgeber herausstellen. Die Diskusionen und die Ansprüche, die diese Impulsgeber auslösten, manifestierten sich in (3.) Urteilen des Bundesverfassungsgerichtes (Lucht 2006:177).

Bereits seit den 1950er Jahren wurde mit Breitband- sowie Satteliten-übertragungstechniken experimentiert. Mit der Breitbandtechnik sollte es möglich sein, deutlich mehr Kanäle als bisher auszustrahlen. Der, zu dieser Zeit aktuelle, Standard der terrestrischen Funkübertragung ließ lediglich eine Sendekapazität von zwei bis drei Kanälen zu. Schon im Jahr 1973 wurde die „Kommission für den Ausbau des technischen Kommunikationssystems“ von der Bundesregierung einberufen. In ihrem Telekommunikationsbericht aus dem Jahr 1976, schlägt die Kommission unter anderem vor, Pilotprojekte mit Breitbandkabelsystemen durchzuführen. Diese Pilotprojekte wurden später als „Kabelpilotprojekte" bekannt (Lucht 2006:178). Das erste Kabelpilotprojekt wurde am 1. Januar 1984 in Ludwigshafen durchgeführt (Presse- und Informationsdienst der Bundesregierung (Hrsg.) 1998:106). Mit fortschreitender Ausbauphase und erweiterten Sendekapazitäten wurde zunehmend deutlich, dass es nicht sinnvoll und rechtlich problematisch sein würde, weiterhin lediglich öffentlich-rechtlichen Rundfunk zuzulassen.

Die Kritik an der politischen Berichterstattung der öffentlich-rechtlichen Sender wurde auch bereits in den 1950er Jahren laut. Politiker, meist konservativer Parteien, prangerten ein unausgewogenes Programm, zu Ungunsten der jeweils eigenen Partei, an (Lucht 2006:179). So wurde auch auf diesem Gebiet das Monopol des öffentlich-rechtlichen Rundfunks in Frage gestellt. Besonders während des Wahlkampfes im Jahr 1976 warf die CDU/CSU dem öffentlich-rechtlichen Rundfunk parteiische Berichterstattung vor und kritisierte somit auch das Nichtvorhandensein von verfassungsrechtlich vorgeschriebener Staatsferne im Rundfunk.

Zunächst einmal hat das Bundesverfassungsgericht die verfassungsrechtlichen Grundlagen geschaffen, um private Rundfunkveranstalter überhaupt zuzulassen.

> *„Das Bundesverfassungsgericht hat in seinen drei ersten so genannten Fernsehurteilen von 1961, 1971, und 1981 erklärt, dass sowohl öffentlich-rechtlicher als auch privater Rundfunk prinzipiell mit dem Grundgesetz vereinbar sind"* (Lucht 2006:183).

In einem vierten Rundfunkurteil aus dem Jahr 1986 wurde erstmals die veränderte Situation durch die, durch das Kabelpilotprojekt erweiterten technischen Sendekapazitäten, berücksichtigt. Dieses Urteil erkennt das Nebeneinander von privatem und öffentlich-rechtlichem Rundfunk als „Duales Rundfunksystem" verfassungsgemäß an. Gleichzeitig hält das Bundesverfassungsgericht jedoch auch fest, dass die Grundversorgung Aufgabe von öffentlich-rechtlichen Anstalten ist, da diese durch ihre Gebührenfinanzierung in keinem wirtschaftlichen Wettbewerb um Einschaltquoten stehen. Auf die Bedeutung und die Diskussion den Begriff „Grundversorgung" betreffend, soll in dieser Arbeit nicht weiter eingegangen werden, da sich hieraus keine raumwirksamen Folgen ergeben. Definitiv wird jedoch von den Öffentlich-rechtlichen ausdrücklich eine ungekürzte Meinungs- und inhaltlich umfassende Programmvielfalt verlangt (Lucht. 2006:184).

Eine weitere Maxime im Dualen Rundfunksystem ist die „Staatsfreiheit“ des Rundfunks. Diese „Staatsfreiheit“ sowie die Pressefreiheit und das Grundrecht auf Information sind im Grundgesetz Artikel 5 verankert:

> *„Jeder hat das Recht, seine Meinung [...] frei zu äußern und zu verbreiten und sich aus allgemein zugänglichen Quellen ungehindert zu unterrichten. Die Pressefreiheit und die Freiheit der Berichterstattung durch Rundfunk [...] werden gewährleistet. Eine Zensur findet nicht statt“* (GG (idFv. Juli 1998) Art.5).

Allgemein wird das Jahr 1984 als Geburtsjahr des Dualen Rundfunksystems angesehen Es ist ein Produkt aus technischem Fortschritt, politischen Forderungen und verfassungsrechtlichen Urteilen (Gurda 1995:22f.).

5 Wirtschaftsfaktor Duales Rundfunksystem

Wie bereits beschrieben, ist das Duale Rundfunksystem in seiner heutigen Form auf eine komplexe und vielschichtige Entwicklung zurückzuführen. Hieraus folgt ein rechtliches Konstrukt, welches den Rundfunk reguliert und für seine heutige Form mitverantwortlich ist. Da Rundfunk als Kultur angesehen wird, liegt die Zuständigkeit (mit der Kulturhoheit) bei den einzelnen Bundesländern. Nach dem Anerkennen des privaten Rundfunks als rechtmäßig, wurden in den folgenden Rundfunkurteilen vermehrt die spezifischen Aufgaben und Verpflichtungen der jeweiligen Rundfunkart spezifiziert. Die gesetzliche Ausgestaltung der einzelnen Landesmediengesetze, welche den Rundfunk auf Länderebene regeln, erfolgte in mehr oder weniger enger Anlehnung an die Rundfunkurteile. So entstand schon früh ein Wettbewerb der Bundesländer untereinander, um die zukunfts- und imageträchtigen Veranstalter des privaten Rundfunks. Die Standortanreize für private Rundfunkanbieter spiegelten sich in Senkungen der Anforderungen, indirekten Subventionen und Bevorteilung bei der Frequenzvergabe wieder (Hoffmann-Riem 2000:31ff. & Beyer / Carl 2004:30). Unter Einfluss dieses medienpolitischen Spielraumes sind schon in den 1980er Jahren Standortentscheidungen gefällt worden, die bis heute eine Wirkung auf die Standorte haben. Eine der wichtigsten Standortfragen zu Beginn des privaten Rundfunks, war die Frage, ob und wie viele Sendefrequenzen ein Standort bekommt (Hanke 1996:73). Bei dieser Betrachtung kommt zum tragen, dass die Vergabe der Frequenzen zu dieser Zeit in einer Art rechtsfreiem Raum stattgefunden hat, indem die Vergabe nach Absprachen zwischen Bundespost, Staatskanzleien und anderen Akteuren erfolgte(Hoffmann-Riem 2000:41f.). Die Bedeutung der Frequenzen für die Standortwahl nimmt, durch den technischen Fortschritt und die damit verbundene Kapazitätserhöhung, jedoch immer mehr ab. Um weitere Rahmenbedingungen sowie andere Standortfaktoren und Standortfolgen heraus zu stellen, folgt nun die differenzierte Analyse der beiden Rundfunkarten.

5.1 Wirtschaftsfaktor öffentlich-rechtlicher Rundfunk

Wie sich zusammenfassend festhalten lässt, ist die Grundstruktur des öffentlich-rechtlichen Rundfunks bereits seit der Nachkriegszeit entstanden. Wie die heutige Organisationsstruktur, die Finanzierung und die Standortstruktur aussieht, soll, unter besonderer Berücksichtigung der wirtschaftlichen Aspekte, im Folgenden dargestellt werden.

5.1.1 Organisationsstruktur und Finanzierung

Ohne zu sehr in die Details der rechtlichen Grundlagen einzusteigen, lässt sich die Organisationsstruktur des öffentlich-rechtlichen Rundfunks wie folgt darstellen: Die „Arbeitsgemeinschaft der öffentlich-rechtlichen Rundfunkanstalten der Bundesrepublik Deutschland“ (ARD) fasst die unabhängigen öffentlich-rechtlichen Rundfunkanstalten in einer nicht rechtsfähigen Arbeitsgemeinschaft zusammen. Die ARD fungiert zum einen als Beraterinstanz für gemeinsame Fragen der Landesmedienanstalten und zum anderen ist es ihre Aufgabe, Rundfunk für die Allgemeinheit zu veranstalten(Gräf / Hellati / Seiwert. 2001:118ff. & Hans-Bredow-Institut (Hrsg.) 1994:181). Die Aufgaben der Landesmedienanstalten werden in Kapitel 5.2.1 behandelt. Der verfassungsrechtlichen Aufgabe, des Veranstaltens von Rundfunk für die Allgemeinheit, wird die ARD durch einen bundesweiten Fernsehsender (ARD bzw. Das Erste) gerecht.

Darüber hinaus sind unter dem Dach der ARD neun Landesrundfunkanstalten und die „Deutsche Welle", als internationaler Informationssender in deutscher Sprache, zusammengeführt. Die Landesrundfunkanstalten senden schwerpunktmäßig lokale bzw. regionale Programminhalte und waren auch ehemals nur regional, im entsprechenden Bundesland, zu empfangen. Die einzelnen Landesrundfunkanstalten (Bayrischer Rundfunk BR, Hessischer Rundfunk HR, Mitteldeutscher Rundfunk MDR, Norddeutscher Rundfunk NDR, Radio Bremen RB, Rundfunk Berlin Brandenburg RBB, Saarländischer Rundfunk SR, Südwestrundfunk SWR und Westdeutscher Rundfunk WDR) fungieren nicht nur als regionale Fernsehsender, sondern unterhalten wiederum regionale Radiosender (ARD (Hrsg.) 2009). Darüber hinaus gehören die Spartenkanäle „Phönix" und „KiKa" und die Auslandskooperationen „Arte" und „3Sat" zur ARD. Die Landesrundfunkanstalten veranstalten heute jeweils lokales Fernsehen, welches aber, zumindest via Satellit, bundesweit empfangbar ist. Darüber hinaus betreiben sie zusammengerechnet mehr als 50 Radiosender (ARD (Hrsg.) 2009a). Daneben gibt es noch einen weiteren öffentlich-rechtlichen, bundesweit empfangbaren Fernsehsender, das „Zweite Deutsches Fernsehen" (ZDF). Die Rundfunkanstalten werden von Rundfunkrat, Verwaltungsrat und einem Intendanten verwaltet und geführt. Der Rundfunkrat vertritt die Interessen der Allgemeinheit, indem er die Einhaltung des gesetzlichen Sendeauftrags überwacht und die Programmkontrolle durchführt. Zu diesem Zweck besteht der Rundfunkrat aus Vertretern unterschiedlichster gesellschaftlicher Institutionen. So wird sicher gestellt, dass alle Interessen und Meinungen im gleichen Maße vertreten werden. Der Rundfunkrat wählt den Intendanten sowie den Verwaltungsrat und setzt den Haushaltsplan fest. Der Verwaltungsrat prüft den Haushaltsplan und hat ein Mitbestimmungsrecht bei Fragen, die finanzieller Natur sind (Westdeutscher Rundfunk (Hrsg.) 2009a & Presse und Informationsdienst der Bundesregierung (Hrsg.) 1998:97). Die rechtlichen Grundlagen, an die sich die ARD zu halten hat, sind das Grundgesetz und die Rundfunkurteile des Bundesverfassungsgerichtes. Da der Rundfunk, wie bereits erwähnt, als Kulturgut auf Bundesländerebene geregelt wird, gelten für die einzelnen Landesrundfunkanstalten die jeweiligen Landesmediengesetzte. Bundesweite Regelungen, den Rundfunk betreffend, werden in Rundfunkstaatsverträgen, nach einer Ministerkonferenz, festgehalten (ARD (Hrsg.) 2006). Während sich die Landesmediengesetze an den Rundfunkurteilen orientieren bzw. diese umsetzen sollen, sind die Rundfunkstaatsverträge für eine einheitliche Festlegung von Grundregeln und Vorschriften notwendig (nicht nur für den

Bereich des öffentlich-rechtlichen Rundfunks, sondern auch für den privaten Rundfunk) (Hoffmann-Riem 2000:30f.). Aufgabe des öffentlich-rechtlichen Rundfunks ist es, besonders qualitativen Rundfunk zu veranstalten, ein Kultur- und Bildungsauftrag ist für ihn obligatorisch und ein Alleinstellungsmerkmal gegenüber dem privaten Rundfunk. Zugleich bedeutet diese Betonung des Kultur- und Bildungsinhaltes die Legitimation des Finanzierungsmodells(Der Beauftragte der Bundesregierung für Kultur und Medien (Hrsg.) 2008:174f.).

Das vielleicht wichtigste Unterscheidungsmerkmal (gerade im Hinblick auf die Standortentwicklung), zwischen privatem und öffentlich-rechtlichem Rundfunk, ist das Finanzierungsmodell. Der öffentlich-rechtliche Rundfunk ist zu ca. 95% durch Rundfunkgebühren finanziert, der Teil der Werbeeinnahmen der öffentlich-rechtlichen Sendeanstalten liegt demnach ungefähr bei gerade einmal ca. 5% (Gebühreneinzugszentrale (Hrsg.) 2008:43 & ARD (Hrsg.) 2008:387f.). Die Rundfunkgebühr muss vom Bürger für jedes vorhandene Empfangsgerät gezahlt werden. Damit für die Bürger aller Bundesländer die gleiche Rundfunkgebühr anfällt, wird diese im Rundfunkstaatsvertrag festgehalten. Da die Gebühr nicht rein politisch festgesetzt werden kann (aufgrund der Staatsferne), wurde die „Kommission zur Ermittlung des Finanzbedarfs der Rundfunkanstalten" (KEF) eingesetzt. Seit dem Jahr 1994 besteht ihre Aufgabe darin, die von den Rundfunkanstalten eingereichten Bedarfsanmeldungen für Gebühren zu prüfen und ihren Finanzbedarf zu bestimmen. Dabei darf allerdings die Programmautonomie der Sender nicht beschnitten werden. Die Prüfung bezieht sich somit auf die Übereinstimmung der Programmvorschläge mit den gesetzlich umrissenen Rundfunkaufträgen und dem daraus resultierenden Finanzbedarf. Nach der Prüfung erfolgt ein Vorschlag der KEF, in Form eines ausführlichen Berichtes, an die Ministerpräsidenten der Länder. Die Landesregierungen dürfen in aller Regel nicht von den Vorschlägen der KEF abweichen (Schader 2007 & Kommission zur Ermittlung des Finanzbedarfs der Rundfunkanstalten (Hrsg.) 2005). Die medienpolitische Diskussion um den nicht umgesetzten Gebührenvorschlag aus dem Jahr 2004 kann hier ausgeblendet werden, da sie keine Standortauswirkungen hat oder mit sich bringt. Die von den Ministerpräsidenten festgelegte Gebühr, von momentan 17,98 Euro pro Monat (5,76 Euro Grundgebühr und 12,22 Euro Fernsehgebühr), wird von der „Gebühreneinzugszentrale" (GEZ) eingezogen und an die ARD bzw. die Rundfunkanstalten und sonstigen Empfänger verteilt. Die Höhe der Gebühreneinnahmen der Landesrundfunkanstalten richtet sich dabei nach der Höhe

des Gebührenaufkommens, und somit nach der Zahl der angemeldeten Empfangsgeräte im Sendegebiet. Die GEZ wird als gemeinsames Dienstleistungszentrum der Rundfunkanstalten betrieben und von ihnen finanziert (ARD (Hrsg.) 2008:38ff. & Gebühreneinzugszentrale (Hrsg.) 2009).
Auf die örtliche Verteilung der Standorte und Einrichtungen des öffentlich-rechtlichen Rundfunks in Deutschland wird das folgende Kapitel nun genauer eingehen.

5.1.2 Standorte und Strukturdaten

In wissenschaftlicher Literatur lässt sich mitunter nachlesen, dass für den Bereich des öffentlich-rechtlichen Rundfunks, keine Standortfaktoren identifiziert werden können (Hanke 1996:68). Heutige Standorte des öffentlich-rechtlichen Rundfunks gehen oft auf Standortentscheidungen auf politischer Ebene zurück. Auch Standortentscheidungen aus der Nachkriegszeit, durch die Alliierten, wie beispielsweise in Köln, sind noch heute aktuell. Aus der Organisationsstruktur des öffentlich-rechtlichen Rundfunks, wie sie in Kapitel 5.1.1 beschrieben ist, ergibt sich jedoch eine besondere Standortfolge. Da jedes Bundesland eine Landesrundfunkanstalt besitzt (sofern keine Fusion mit einer anderen Landesrundfunkanstalt stattgefunden hat) und diese wiederum Regionalstudios und Korrespondenzbüros betreibt, herrscht eine dezentrale Struktur vor. Diese Struktur lässt sich weiter hierarchisch gliedern. Diese Hierarchie ergibt sich, in aller Regel, aus: (1. Ebene) Sendezentralen bzw. Landesrundfunkanstalten der einzelnen Bundesländer, (2. Ebene) Regionalstudios für Fernsehen und Radio innerhalb der einzelnen Bundesländer und (3. Ebene) regionalen Korrespondenzbüros der Landesmedienanstalten auf lokaler Ebene (vgl. Abb.1). Diese dezentrale, hierarchische Standortstruktur ist eine Folge des Dualen Rundfunksystem, in dem der öffentlich-rechtliche Rundfunk gebührenfinanziert ist und keinem direkten, privatwirtschaftlichen Marktwettbewerb ausgesetzt ist. Die Kosten einer solch ausgedehnten Struktur müssen hier nicht erwirtschaftet werden, sondern nur plausibel bei der Kostenermittlung begründet sein. Denn die Gebührenhöhe ist definitionsgemäß nicht abhängig von der Nachfrage an Rundfunk, sondern vom Finanzbedarf des Rundfunks (Beyer / Carl 2004:57). Abbildung eins verdeutlicht, neben der Hierarchie und der dezentralen Standortstruktur, auch die vorhandene Dichte des öffentlich-rechtlichen Mediennetzes in Deutschland.

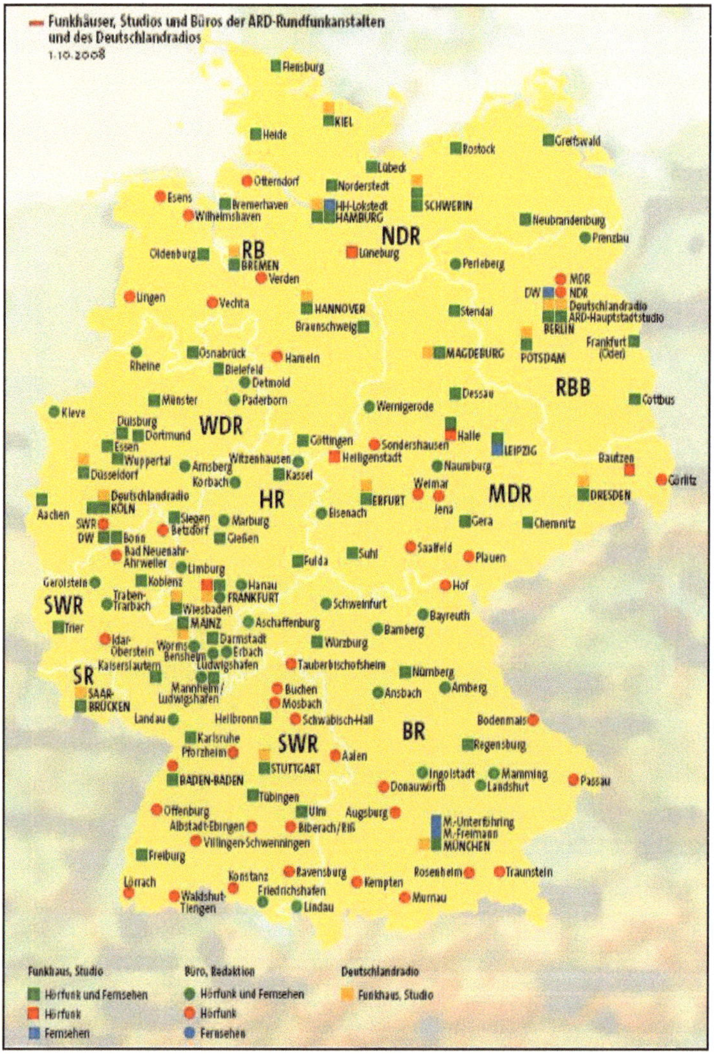

Abb.1 Funkhäuser, Studios und Korrespondenzbüros der ARD–Rundfunkanstalten

Quelle: ARD (Hrsg.) 2008a:308.

Hierbei lässt sich auch erkennen, dass es noch Disparitäten zwischen Ost- und Westdeutschland gibt. Das Mediennetz des öffentlich-rechtlichen Rundfunks ist in den meisten Teilen Westdeutschlands deutlich enger als in Ostdeutschland. Gründe dafür liegen aber nicht nur in der zeitlich getrennten Entwicklung, sondern auch in der eher ländlich geprägten Struktur ostdeutscher Bundesländer und letztlich auch in der Bevölkerungsstruktur. Da sich die Gebührenverteilung, wie in Kapitel 5.1.1 beschrieben, nach Gebührenaufkommen und somit nach angemeldeten Empfangsgeräten richtet, ist auch die Finanzausstattung der Sendeanstalten in eher ländlich geprägten Bundesländern, mit weniger Bevölkerung und in der Summe weniger angemeldeten Empfangsgeräten, geringer (vgl. Abb.2). Als ausgleichendes Instrument gibt es hier zwar einen Finanzausgleich zwischen den Anstalten, dennoch ist die Notwendigkeit einer sehr dichten Struktur im ländlichen Raum vom Grundsatz her nicht gegeben und wird bei der Finanzierung in diesem Sinne berücksichtigt.

Gebühreneinnahme in Euro (2007)	Sendeanstalt	Angemelde Empfangsgeräte
42.425.012	Radio Bremen	675.419
67.645.153	Saarländischer Rundfunk	997.397
353.995.750	Rundfunk Berlin-Brandenburg	5.644.386
403.223.787	Hessischer Rundfunk	6.005.214
577.965.159	Mitteldeutscher Rundfunk	8.829.919
869.802.102	Bayerischer Rundfunk	12.572.136
945.376.505	Norddeutscher Rundfunk	14.163.651
982.326.370	Südwestrundfunk	14.369.476
1.131.135.458	Westdeutscher Rundfunk	16.932.812

Abb2. Gebühreneinnahmen und angemeldete Empfangsgeräte nach Sendeanstalt

Quelle: Eigene Darstellung, Daten: Gebühreneinzugszentrale (Hrsg.) 2008:38ff.

Neben den Rundfunkanstalten und Sendehäusern betreibt die ARD, gemeinsam mit dem ZDF und durch die einzelnen Landesrundfunkanstalten, zahlreiche Außenstellen für Forschung, Entwicklung, Vermarktung und Weiterbildung. Wie sich aus Abbildung drei entnehmen lässt, ist auch hier die Struktur vorwiegend dezentral, die Einrichtungen sind auf unterschiedliche Städte in verschiedenen Bundesländern in Deutschland verteilt.

Sonstige Einrichtungen der ARD und ihre Standorte		
Frankfurt	ARD Degeto Film GmbH	DRA Deutsches Rundfunkarchiv
	ARD-Werbung SALES & SERVICES GmbH	hr werbung gmbh
Wiesbaden	ARD.ZDF medienakademie	
Hannover	ARD.ZDF medienakademie	
München	IRT Institut für Rundfunktechnik	Sportrechte- und Marketing-Agentur GmbH
	Bayerische Rundfunkwerbung GmbH	
Nürnberg	RBT Rundfunk-Betriebstechnik GmbH	
Köln	ARD Digital	WDR mediagroup GmbH
	GEZ Gebühreneinzugszentrale	
Potsdam	ARD Digital	KEK *
Baden-Baden	ARD Digital	
Erfurt	MDR-Werbung GmbH	
Bremen	Radio Bremen Media GmbH	
Berlin	RBB Media GmbH	
Hamburg	NDR Media GmbH	ARD Digital
Stuttgart	SWR Media Services GmbH	
Saarbrücken	Werbefunk Saar GmbH	
Mainz	KEF	

*Kommission zur Ermittlung der Konzentration im Medienbereich

Abb.3 Institutionen und Einrichtungen der ARD und ihre Standorte

Quelle: Eigene Darstellung, Daten: ARD (Hrsg.) 2008a:299ff & Gebühreneinzugszentrale (Hrsg) 2008:7.

Insgesamt ist die ARD somit Arbeitgeber für ca. 52.000 Menschen, ca. 30.000 Festangestellte (Erwerbstätige) und 22.000 sonstige Mitarbeiter, wie zum Beispiel Freiberufler, Selbstständige und Honorarkräfte (Stand: 2006) (Seufert 2007:23).Nach eigenen Angaben bestehen in der ARD zur Zeit mehr als 710 Ausbildungsverhältnisse, es gibt mehr als 380 Programm-Volontäre und weit über 3.000 Praktikanten (ARD (Hrsg.) 2007). Der öffentlich-rechtliche Rundfunk verfügte im Jahr 2007 über knapp 7,3 Mrd. Euro Gebühreneinnahmen und etwas mehr als 360 Mio. Euro Werbeeinnahmen. (Gebührenzentrale 2008:43 & ARD (Hrsg.) 2008:387f.).

5.1.3 Mittelbare Standortfolgen

Schon aus der Darstellung der Strukturdaten wird deutlich, dass der öffentlich-rechtliche Rundfunk selber (ohne vor- und nachgelagerte Branchen) erhebliche Auswirkungen auf die wirtschaftliche Struktur einer Region bzw. eines Standortes haben kann und auch hat. Eine Bedeutung für Beschäftigung ist unverkennbar. Weitere Positionen der Einnahmenverwendung mit wirtschaftlicher Bedeutung für Standorte sind, neben den Personalkosten, „Urheber-, Leistungs- und Herstellervergütungen", „Produktions-bezogene Fremdleistungen" und „Aufwendungen für Roh-, Hilfs- und Betriebsstoffe und für bezogene Waren“ (ARD (Hrsg.) 2008b:211ff.). Nimmt man also die Bereiche, die nicht direkt mit dem Senden von Rundfunk in Verbindung stehen hinzu, so wird die Rolle des öffentlich-rechtlichen Rundfunks als Wirtschaftsfaktor noch deutlicher erkennbar. Durch das Engagement im Bildungsbereich werden Ausbildungsplätze und qualifiziertes Personal generiert. Forschung und Entwicklung im Auftrag und unter dem Dach des öffentlich-rechtlichen Rundfunks fördern die Infrastruktur und das qualitative und quantitative Personalniveau. Insgesamt kann dem öffentlich-rechtlichen Rundfunk somit eine Multiplikatorfunktion beigemessen werden. Die Effekte, die von ihm ausgehen haben eine Wirkung auf vor- und nachgelagerte Branchen und auch auf den privaten Rundfunk. Diese Multiplikatorfunktion wird in den folgenden Kapiteln noch verdeutlicht werden.

5.2 Wirtschaftsfaktor privater Rundfunk

Der private Rundfunk stellt die zweite Säule des Dualen Rundfunksystems dar. Die Pioniere des deutschen Privatrundfunks waren RTL (damals noch RTLplus) und SAT.1. Im Geburtsjahr des Dualen Rundfunks, 1984, gingen die beiden Sender auf Sendung. Im Jahr 1988 kam der Sender PRO7 hinzu (Faulstich 2004:209). Diesen Sendern der ersten Generation folgten, nach dem Jahr 1990, viele weitere private Rundfunkveranstalter, die allerdings noch vom Mangel an Sendekapazitäten betroffen waren. Diese „Knappheit“ der Sendekapazitäten war auf eine, auf den ersten Blick überaschende, Weise hoch raumwirksam. Wie diese Raumwirksamkeit zu Stande kam und welche Standortfolgen sie hatte wird in Kapitel 5.2.2 aufgezeigt. Durch Ausweitung der Sendekapazitäten, bedingt durch Breitbandkabel, Digitalisierung des terrestrischen Funks und Hinzugewinnen neuer Sendemöglichkeiten wie beispielsweise IPTV, ist der Wettbewerb um Sendekapazitäten vernachlässigbarer geworden und es kam und kommt zu einer weiteren Welle von Neuanmeldungen privater Rundfunkanbieter. An der heutigen Stelle dieser Entwicklung steht eine Zahl von 354 privaten Fernsehanbietern (inklusive aller Spartenkanäle, Sendefenster, Lokalsender und Pay-TV), die in Deutschland zugelassen sind (Arbeitsgemeinschaft der Landesmedienanstalten (Hrsg.) 2008:58ff. & Beyer / Carl 2004:52).

5.2.1 Organisation, Aufsicht und Finanzierung

Die über 350 in Deutschland angemeldeten Veranstalter von Privatfernsehen unterliegen, zusammen mit den über 200 privaten Radiosendern in Deutschland, der Aufsicht der Landesmedienanstalten. Die Landesmedienanstalten finden ihre rechtliche Legitimation in den Rundfunkstaatsverträgen. Landesmediengesetzte und Richtlinien bestimmen und konkretisieren die Arbeit der Landesmedienanstalten (Arbeitsgemeinschaft der Landesmedienanstalten (Hrsg.) 2009a). Eine wichtige Aufgabe der Landesmedienanstalten ist die Lizenzvergabe an private Rundfunkveranstalter. Zu diesem Zweck überprüfen die Landesmedienanstalten, ob die Veranstalter von Privatrundfunk die, in den Landesmediengesetzen erlassenen Bestimmungen zum Veranstalten von Privatrundfunk erfüllen und einhalten. Darüber hinaus kommen den Landesmedienanstalten weitere Aufgaben zu. Sie stellen eine Art Dienstleister und Kontrollgremium für den privaten Rundfunk dar (Landesanstalt für Medien NRW (Hrsg.) 2009 & Arbeitsgemeinschaft der Landesmedienanstalten (Hrsg.) 2008:334ff.). Ihr gesamtes Aufgabensektrum ist Abbildung vier zu entnehmen.

- → Lizenzierung von privaten TV- und Hörfunksendern
- → Sicherung der Meinungsvielfalt
- → Programmaufsicht
- → Jugendschutz (auch für Telemedien)
- → Erlass von Richtlinien und Satzungen für die Durchführung der Gesetze
- → Förderung des technischen Ausbaus des privaten Rundfunks

- → Planung und Organisation von Pilotprojekten neuartiger Rundfunkübertragungstechniken
- → Förderung von Aus- und Fortbildungsmaßnahmen im privaten Rundfunkbereich
- → Medienforschung
- → Organisation von Bürgermedien
- → Genehmigung der Einspeisung ausländischer Rundfunkprogramme in Kabelnetze

- → Projektförderung im Bereich Medienerziehung und Medienpädagogik
- → Förderung der Medienkompetenz
- → Sicherung des diskriminierungsfreien Zugangs zum digitalen Fernsehen und zu digitalen Diensten

Abb.4 Aufgaben der Landesmedienanstalten

Quelle: Arbeitsgemeinschaft der Landesmedienanstalten (Hrsg.) 2008:335.

Folglich ist für einen bundesweiten Privatsender nur diejenige Landesmedienanstalt verantwortlich, in deren Bundesland sich der Firmensitz des Veranstalters befindet. Da auch für den privaten Rundfunk das Prinzip der „Staatsferne" gilt, können die Landesmedienanstalten nicht Teil der staatlichen Verwaltung sein. Sie sind, wie die Landesrundfunkanstalten, rechtsfähige Anstalten des öffentlichen Rechts, darüber hinaus sind sie selbstverwaltend und werden ebenfalls durch die Rundfunkgebühren finanziert. Um eine einheitliche Auslegung der Rechtsgrundlagen in allen

Bundesländern zu gewährleisten arbeiten die Landesmedienanstalten unter dem Dach der „Arbeitsgemeinschaft der Landesmedienanstalten“ (ALM) zusammen. Die Zusammenarbeit erfolgt in Form einer „Gesamtkonferenz“ in der alle Vorstände der einzelnen Landesmedienanstalten zusammenkommen. Diese „Gesamtkonferenz“ dient der Diskussion und Abstimmung in Fragen, die den Aufgabenbereich der Landesmedienanstalten betreffen (Arbeitsgemeinschaft der Landesmedienanstalten (Hrsg.) 2008:335).

Private Rundfunkveranstalter sind, im gänzlichen Gegensatz zu öffentlich-rechtlichen Rundfunkveranstaltern, einem freien, privatwirtschaftlichen Wettbewerb ausgesetzt. Dieser Wettbewerb um Marktanteile ist für private Rundfunkveranstalter essenziell, denn je höher die Marktanteile eines Senders sind, desto mehr Rezipienten erreicht er. Und da jeder Rezipient ein vermeintlicher Kunde ist, sind die Marktanteile im hohen Maße mit für die Werbeeinnahmen der Sender verantwortlich. Private Rundfunksender sind Unternehmen, die (wie jedes privatwirtschaftliche Unternehmen auch) Gewinnmaximierung betreiben. Hieraus ergeben sich also völlig andrere Strukturen als im öffentlich-rechtlichen Bereich. Werbeeinnahmen sind die Hauptfinanzierungsquelle der Privatsender. Abgesehen vom Pay-TV bieten sich dem privaten Rundfunkveranstalter nur wenige weitere Einnahmequellen, wie zum Beispiel in Form von Programmverkäufen, Call-In-Shows mit gebührenpflichtigen Rufnummern (auch Call Media genannt) und Sponsoring (vgl. Abb.5).

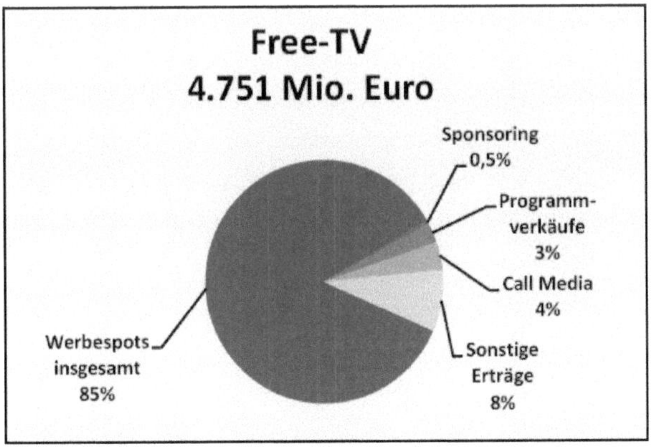

Abb.5 Ertragsstruktur privater Rundfunkanbieter (ohne Pay-TV) 2006

Quelle: Seufert 2007:9.

Auch im Privatrundfunk darf, laut Verfassung, keine Meinungsmacht vorherrschen. Im Sektor des privaten Rundfunks dürfen die Marktanteile eines Senders 30% nicht übersteigen. Da die Verflechtungen der Medienkonzerne äußerst komplex geworden sind, ist seit dem Jahr 1997 die „Kommission zur Ermittlung der Konzentration“ (KEK) mit der Aufgabe der Überwachung betraut. Auch sie wird aus Mitteln der Rundfunkgebühren finanziert (Lucht 2006:192).

5.2.2 Standorte und Strukturdaten

Wenn man die Standorte des privaten Rundfunks betrachtet, darf man nicht die Landesmedienanstalten aus dem Blickfeld verlieren. Denn zum einen haben sie als Institution und durch ihr breites Aufgabenspektrum eine wichtige Funktion an einem Standort und zum anderen können sie selber als Standortfaktor für private Rundfunkveranstalter angesehen werden. Bei der Ansiedlung der Landesmedienanstalten verfolgten die Bundesländer zwei konträre Strategien (Hanke 1996:72f.). In einigen Bundesländern sind die Landesmedienanstalten an denselben Standorten wie die Landesrundfunkanstalten angesiedelt worden, dies hat eine lokale Medienkonzentration an diesem Standort zur Folge. In anderen Bundesländern wurden die Landesmedienanstalten an einem abweichenden Standort angesiedelt, so sollte in diesen Bundesländern ein regionaler Gegenpol zum öffentlich-rechtlichen Rundfunk entstehen (vgl. Abb.6).

Unterteilt man den nationalen, privaten Rundfunk in nationales und lokales Fernsehen, sowie in landesweiten, regionalen und lokalen Hörfunk, so kann man bei der Analyse der Standorte die lokal tätigen Veranstalter vernachlässigen. Denn für sie kommt, auf Grund ihres lokalen Handlungsrahmens, meist nur ein spezifischer Standort in Betracht (Hanke 1996:72f.). Somit kann sich die Analyse der Standortstruktur auf die Anbieter von landesweitem Rundfunk konzentrieren.

	Bundesland	Standort Landesrundfunkanstalt	Standort Landesmedienanstalt
HR	Hessen	Frankfurt	Kassel
WDR	Nordrhein-Westfalen	Köln	Düsseldorf
BR	Bayern	München	München
SWR	Rheinland-Pfalz	Stuttgart	Ludwighafen
	Baden-Württemberg	Stuttgart	Stuttgart
RB	Bremen	Bremen	Bremen
SR	Saarland	Saarbrücken	Saarbrücken
NDR	Hamburg	Hamburg	Norderstedt
	Mecklenburg-Vorpommern	Hamburg	Schwerin
	Niedersachsen	Hamburg	Hannover
	Schleswig-Holstein	Hamburg	Norderstedt
RBB	Berlin	Berlin	Berlin
	Brandenburg	Berlin	Berlin
MDR	Thüringen	Leipzig	Erfurt
	Sachsen-Anhalt	Leipzig	Halle/Saale
	Sachsen	Leipzig	Leipzig

Abb.6 Standorte der Landesrundfunk- und Landesmedienanstalten in den Bundesländern

Quelle: Eigene Darstellung, Daten: Arbeitsgemeinschaft der Landesmedienanstalten (Hrsg.) 2008:358ff. & ARD (Hrsg.) 2009.

Die Standorte von nationalen Fernsehanbietern sind im hohen Maße durch Partei- und Strukturpolitik bestimmt worden. Der politische Einfluss kam vor allem in der Vergangenheit zum Ausdruck, als er die Unabhängigkeit der Landesmedienanstalten überlagerte. Strukturpolitischer Wettbewerb unter den Bundesländern um die zukunfts- und imageträchtigen Privatfernsehsender, veranlasste in der Vergangenheit die Politik häufig zu beschleunigten und sehr wohlwollenden Verabschiedungen von Landesmediengesetzen, welche wiederum durch die Landesmedienanstalten umgesetzt werden mussten. Anforderungssenkungen, im Vergleich zu Konkurrenzländern, hatten ebenso einen großen Standortanreiz, wie die schnelle und unbürokratische Vergabe von Sendefrequenzen oder Immobilien (Hoffmann-Riem 2000:30f.). Ein Beispiel aus den 1990er Jahren soll dies verdeutlichen:

> *„Mit Maßgabe des Standortwechsels von Köln nach München hat die Bayrische Landeszentrale für neue Medien dem Fernsehsender RTL2 insgesamt 10 terrestrische TV-Frequenzen zugewiesen, die ihm eine zusätzliche technische Reichweite von zwei Millionen Zuschauern garantieren. Berlin belohnte das in München ansässige RTL2 ebenfalls mit zwei Frequenzen – für nichts als das Versprechen, später vielleicht einmal mit der eigenen kleinen Nachrichtenredaktion für Action News nach Berlin umzuziehen"*(Hanke 1996:76f.)."

Auch die, in den Landesmediengesetzen verankerten Regelungen zur Einspeisung der Programme in das kapazitätsbegrenzte Kabelnetz konnten auf diese Weise Standortvorteile darstellen. Da zu der Zeit, als die Standortwahl erfolgte, die Belegung der Kabelnetzte nach dem Leitbild: „Es sollen in jedem Bundesland zuerst die Kanäle bzw. Sender eingespeist werden, die regionalen Bezug haben" erfolgte, waren die bevölkerungsreichen Bundesländer bei den Privatsendern sehr begehrt. Denn wenn ein Privatsender, mit bzw. durch Lizenz und Produktion in einem solchen Bundesland den Weg in dessen Kabelnetz findet (was auf Grund der erfüllten Voraussetzungen dann sehr wahrscheinlich ist), so erreicht er mehr Rezipienten, als wenn er sich für ein Bundesland mit weniger Bevölkerung entschieden hätte. Weil also die Zusammenarbeit unter dem Dach der ALM, wie in diesem Gebiet, Schwächen hatte, wurde im Jahr 2008 durch den Rundfunkstaatsvertrag die „Kommission für Zulassung und Aufsicht" (ZAK) gegründet. Die ZAK setzt sich aus den gesetzlichen Vertretern der Landesmedienanstalten zusammen und übernimmt u. a. die Lizenzvergabe für bundesweiten Rundfunk sowie die Zuweisung der Sendekapazitäten (Arbeitsgemeinschaft der Landesmedienanstalten (Hrsg.) 2009 & RfStV (idFv. 19.12.2007) Abschnitt IIII § 36). Wo die Landesmedienanstalten ihre direkte Wirkung, in Form von Arbeitskraftnachfrage und Ähnlichem entfalten, ist also je nach Bundesland und Standort unterschiedlich. Es liegt auch auf der Hand, dass sie eine wichtige Rolle bei der Entstehung heutiger Rundfunkstandorte in Deutschland haben bzw. hatten.

Wenn man die heutigen Standorte der privaten TV-Sender analysieren möchte, muss man die Verflechtungen berücksichtigen. Aus den Pionieren des Privatrundfunks in Deutschland sind heute regelrechte Senderfamilien geworden, hinter denen große Medienkonzerne stehen, oder die Investmentgesellschaften gehören. Die folgende Abbildung zeigt die Standorte der wichtigsten privaten Fernsehsender in Deutschland unter Berücksichtigung ihrer Konzernzugehörigkeit. Auch die Standorte der jeweiligen Landesrundfunk- und Landesmedienanstalten sind eingetragen.

Bundesland:	Bayern	NRW	Berlin
Privatsenderstandort:	München	Köln	Berlin
	DMAX	RTL	Sat1
	Das Vierte	VOX	MTV
	DisneyChannel*	GiGa	N-24
	Kabel1	N-TV	Nick
	Pro7	S-RTL	Viva
	9Live		
*PAY-TV	Premiere*		
ProSiebenSat1 Media AG	arena*		
RTL Television GmbH	RTL2		
Sonstige Unternehmen / Einzelsender	Tele5		
	DSF		
Landesrundfunkanstalt	BR in München	WDR in Köln	RBB in Berlin
Landemedienanstalt:	BLM in München	LfM in Düsseldorf	mabb in Berlin

Abb.7 Standorte der wichtigsten deutschen Privatsender, der zuständigen Landesmedienanstalten und den entsprechenden Landesrundfunkanstalten unter Berücksichtigung der Verflechtung

Quelle: Eigene Darstellung, Daten: Arbeitsgemeinschaft der Landesmedienanstalten (Hrsg.) 2008:64ff. & Kommission zur Ermittlung der Konzentration im Medienbereich (Hrsg.) 2009:349).

An Hand von Abbildung sieben lässt sich, neben den medialen Verflechtungen, auch die Konzentration der Sender an einzelnen Standorten erkennen. In allen Fällen befinden sich die Sender am Standort der jeweiligen Landesrundfunkanstalt und in zwei Fällen (München und Berlin) befinden sich an diesen Standorten auch die zuständigen Landesmedienanstalten. Zugleich sind die Standorte mit den meisten und bedeutendsten Sendern und Senderfamilien die bevölkerungsreichsten Bundesländer Deutschlands (NRW und Bayern). Diese Tatsache geht mitunter auf den bereits erwähnten, einstigen Vorzug der Privatsender für bevölkerungsreiche Bundesländer bei ihrer Standortwahl zurück. An dieser Stelle lässt sich festhalten, dass durch die freie, marktwirtschaftliche Verteilung der privaten Rundfunkveranstalter regionale Konzentrationen entstehen, die zum Teil auf politischer Initiative beruhen. Betrachtet man ferner die Standorte der Landesrundfunk- und Medienanstalten, so wird auch hier die Tendenz zur Konzentration erkennbar. Anders als beim öffentlich-rechtlichen Rundfunk herrscht für den privaten Rundfunk eine zentralisierte Standortverteilung innerhalb Deutschlands vor.

5.2.3 Mittelbare Standortfolgen

Die Wirtschaftskraft der privaten Rundfunkveranstalter selber ergibt sich, wie bereits erwähnt, hauptsächlich aus deren Werbeeinnahmen. Im Jahr 2006 wiesen die privaten Fernsehsender in Deutschland Werbeeinnahmen von mehr als vier Mrd. Euro auf. Dem gegenüber steht ein Werbeeinkommen des öffentlich-rechtlichen Rundfunks von etwa 360 Mio. Euro. Die Gesamterträge des privaten Rundfunks beliefen im Jahr 2006 auf 7,61 Mrd. Euro, dieser Betrag ist annähernd identisch mit den 7,6 Mrd. Euro, die dem gesamten öffentlich-rechtlichen Rundfunk zur Verfügung standen (Goldhammer / Hartmann / Martick 2008:32 & 5.1.2). Die Ausgaben der privaten Rundfunkveranstalter sind, aufgrund der in Kapitel 5.2.2 dargestellten Zusammenhänge, zusätzlich stärker an einzelnen Standorten konzentriert. Demnach ist der private Rundfunk für bestimmte Standorte ein großer bzw. größerer Wirtschaftsfaktor als der öffentlich-rechtliche Rundfunk. Diese Betrachtung berücksichtigt jedoch nicht die Standortentscheidungen der privaten Rundfunkveranstalter, die ggf. vom öffentlich-rechtlichen Rundfunk beeinflusst werden. An dieser Stelle soll diese Diskussion jedoch noch nicht vertieft werden, da hier nur die direkten bzw. mittelbaren Standortfolgen thematisiert sind. Die Umsätze des privaten Hörfunks können auf Grund ihres relativ geringen Volumens (2006: ca. 680 Mio. Euro) und der geringen Raumwirksamkeit vernachlässigt werden (Goldhammer / Hartmann / Martick 2008:35). Im Privatrundfunk in Deutschland finden gut 23.300 Menschen Arbeit. Die durchschnittliche Bruttowertschöpfung der Rundfunkwirtschaft beträgt rund 117.000 Euro pro Erwerbstätigen. Für die Gesamtwirtschaft beträgt die durchschnittliche Bruttowertschöpfung pro Erwerbstätigen lediglich rund 59.000 Euro (Goldhammer / Hartmann / Martick 2008:38). Dieser Vergleich zeigt die hohe Produktivität und Wertschöpfung, die vom Rundfunk ausgeht und im Falle des privaten Rundfunks an einige wenige Standorte gebunden ist. Da die Mittel der Landesmedienanstalten aus der Gebührenfinanzierung des öffentlich-rechtlichen Rundfunks stammen, lassen sich ihre direkten wirtschaftlichen Auswirkungen nicht der Wirtschaftkraft des privaten Rundfunks zurechnen. Ihre Funktion als Institution und Dienstleister, Berater und Betreuer bedeutet jedoch für den jeweiligen Standort einen Vorteil im Standortwettbewerb.

5.3 Wirtschaftsfaktor Rundfunk in Deutschland

Während bisher die beiden Rundfunkarten weitest möglich getrennt betrachtet worden sind, erfolgt in diesem Kapitel die gemeinsame Betrachtung der Beiden. Zunächst einmal soll die gesamte Wirtschaftskraft des Rundfunks kurz dargestellt werden. Wie sich den vorangegangen Kapiteln entnehmen lässt, arbeiten in der Rundfunkwirtschaft in Deutschland insgesamt mehr als 75.300 Menschen. Der Gesamtumsatz oder auch „Produktionswert“ des Rundfunks in Deutschlad lag im Jahr 2006 bei rund 15,2 Mrd. Euro. Damit hat er sich seit dem Jahr 1995 um mehr als 60% gesteigert. Auch die Zahl der Erwerbstätigen im gesamten Rundfunk hat seit dem Jahr 1995 um 28% zugenommen, im Bereich des privaten Rundfunks hat sich die Zahl der Erwerbstätigen sogar fast verdoppelt. Hingegen ist im öffentlich-rechtlichen Rundfunk die Zahl der Erwerbstätigen leicht zurückgegangen (Der Beauftragte der Bundesregierung für Kultur und Medien (Hrsg.) 2008:85f). Der Wachstumsmotor des insgesamt deutlich wachsenden Rundfunks ist offensichtlich der Privatrundfunk. Aus Kapitel 5.2.3 ist bereits bekannt, dass sich privater Rundfunk an einigen Standorten in Deutschland konzentriert. Folglich profitieren diese Standorte in hohem Maße von dem Wachstum der Rundfunkwirtschaft. Die wichtigsten Rundfunkstandorte in Deutschland sind somit München, Köln und Berlin. Darüber hinaus haben sich weitere Standorte mit Medienkonzentrationen herausgebildet. Diese haben jedoch meist regionale Einflüsse und sind dazu gezwungen sich auf Marktnischen zu spezialisieren. Wegen der hohen wirtschaftlichen Bedeutung der Rundfunkwirtschaft werden diese „Spezialisierungsprozesse“ nicht selten von der lokalen oder regionalen Politik gefördert. Ein Beispiel hierfür ist die Entwicklung im Land Thüringen. Ausgangspunkt der Entwicklung in Thüringen ist die Stadt Erfurt, hier befindet sich die Landesmedienanstalt TLM und der öffentlich-rechtliche Spartenkanal KiKa. Ausgehend vom KiKa als Kindersender, entstand unter strukturpolitischer Hilfestellung und Begleitung der TLM, der LEG Thüringen und anderen Förderprogrammen und Förderern eine regionale Konzentration an Kinderrundfunk im weitesten Sinne (Kindermedienland.de (Hrsg.) 2009).

Als Zwischenfazit lässt sich festhalten, dass das Duale Rundfunksystem originär drei wesentliche Strukturmerkmale aufweist:

- Dezentrale, flächendeckende Standortstruktur des öffentlich-rechtlichen Rundfunks, finanziert aus Rundfunkgebühren und durch die Verfassung legitimiert.
- Konzentration des privaten Rundfunks an Standorten, die einst aus Medien- und Strukturpolitik entstanden sind, unter dem Wettbewerb des freien Marktes.
- Standortnähe von Privatrundfunk und größeren Einrichtungen des öffentlich-rechtlichen Rundfunks.

An diese Strukturmerkmale sind für die Standorte auch immer die wirtschaftlichen Effekte des Rundfunks gekoppelt, die mittelbaren Standortfolgen. Wieso den öffentlich-rechtlichen Rundfunkanstalten, die in Kapitel 5.1.3 erwähnte Multiplikatorfunktion zu gesprochen werden kann und warum sich der Rundfunk heute stark an einigen Orten konzentriert, soll in den folgenden Kapiteln verdeutlicht werden.

6 Standortfolge des Dualen Rundfunksystems: Mediencluster

Bisher wurde das Duale Rundfunksystem als solches betrachtet. Es wurde aufgezeigt, welche direkten bzw. mittelbaren wirtschaftlichen Folgen die Standorte des Dualen Rundfunksystems haben und wie sich die Standorte innerhalb des Systems verteilen. Warum eine Konzentration stattfindet wurde bisher nur skizziert, vor- und nachgelagerte Branchen wurden weitest möglich ausgeklammert. Wenn man sich jedoch mit den Standortfolgen im Ganzen beschäftigt, so müssen diese Branchen Beachtung finden. Denn sie sind zu einem Teil Ursache und zu gleich (Aus-)Wirkung der Konzentration der Rundfunkwirtschaft und von zu beachtender qualitativer und quantitativer Bedeutung. Man kann bei der beschriebenen regionalen Konzentration der Branchen von einem Cluster sprechen. Der Begriff „Cluster" definiert sich als regionales Produzenten- und Dienstleistungssystem, mit horizontalen und vertikalen Verflechtungen für ein bestimmtes Produkt oder eine Produktgruppe. Es stellt die räumliche Konzentration von Elementen einer Produktionskette dar, dies beinhaltet Entwicklung, Produktion und Vermarktung eines Produktes. Die Verflechtungen in einem Cluster sind nicht nur Rohstoff- und Zulieferströme, sondern sie umfassen auch informelle, innovations- und projektbezogene Zusammenarbeit (Geschwandter-Andreß 1999:4f. & Lütke, P. 2004:59). Das Kapitel sechs soll zeigen, wieso die Entstehung eines Medienclusters als Standortfolge des Dualen Rundfunksystems angesehen werden kann, welche Dynamik ein Mediencluster mit sich bringt und welche Folgen sich daraus für die Medienstandorte ergeben.

6.1 Nachfragestruktur und Konjunkturabhängigkeit der Rundfunkanbieter

Die Nachfragestruktur der Rundfunkwirtschaft ergibt sich primär aus ihrer Verflechtung in Wertschöpfungsketten. Die Wertschöpfungskette des Fernsehens lässt sich in vier Wertschöpfungsstufen unterteilen. Am Anfang steht die „Contentbeschaffung“ (Stufe 1), also die Entwicklung der Inhalte, die gesendet werden sollen. An dieser Stelle wird die Kreativarbeit betrieben und es werden die technischen Voraussetzungen geschaffen. Es folgt die „Content Produktion und Aggregation“ (Stufe 2). Hier erfolgt die eigentliche Produktion oder der Rechtehandel. Das „Packaging der Produkte“ (Stufe 3) beinhaltet die Zusammenstellung des Programms und die Einbindung von Werbung. Am Ende dieser Wertschöpfungskette steht die Distribution der Produkte (Stufe 4) an den Kunden. Im Falle des Rundfunks bedeutet dies die Sendung des Programms zum Empfang durch den Rezipienten (Bremer / Schwaderlapp / Six 2007:21).

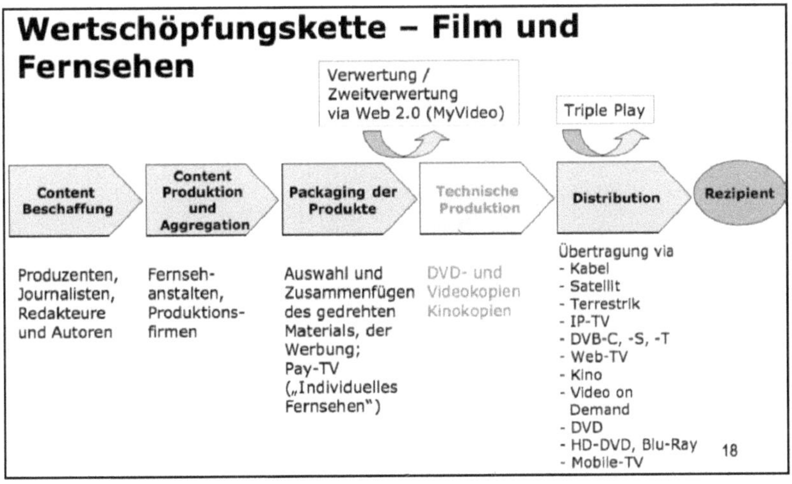

Abb. 8 Wertschöpfungskette der Film- und Fernsehwirtschaft und beteiligte Akteure / Branchen

Quelle: Bremer / Schwaderlapp / Six 2007:21.

Neben der Wertschöpfungskette des Fernsehens verdeutlicht Abbildung acht vor allem die Anknüpfungspunkte für den Rundfunk. Rundfunk ist offensichtlich für die Distribution des Contents zuständig. Jedoch ist die heutige Rundfunkwirtschaft auch an jeder anderen Stufe der Wertschöpfungskette beteiligt.

Sowohl private als auch öffentlich-rechtliche Rundfunkveranstalter betreiben Produktionsfirmen oder sind an ihnen beteiligt und organisieren neben dem Produktionseinkauf auch Eigenproduktionen. Dies stellt ihre Beteiligung an der ersten und zweiten Stufe der Wertschöpfungskette dar. Beispielsweise ist RTL über einige „Umwege" zu annähernd 100% an der „UFA Film- und TV Produktion GmbH" beteiligt, der öffentlich-rechtliche Rundfunk betreibt unter der Außenstelle „DEGETO FILM GMBH" die Abwicklung von rundfunk-anstaltsübergreifenden Eigenproduktionen. Die „DEGETO FILM GMBH" ist darüber hinaus mit dem Rechtehandel betraut, das bedeutet, sie beschafft Sendeminuten und verwertet Eigenproduktionen (ARD (Hrsg.) 2009b & Kommission zur Ermittlung der Konzentration im Medienbereich (Hrsg.) 2008).

Bevor die Produktion als solche thematisiert wird, sei noch darauf hingewiesen, dass das „Packaging" der Produkte (Stufe 3) auch von den Sendern betrieben wird. Die öffentlich-rechtlichen Rundfunkanstalten betreiben hierfür eigens „Werbe-töchtergesellschaften" auf Bundeslandebene (ARD (Hrsg.) 2008a:341ff.).

Die Fernseh- und Filmproduktion ist eine wichtige, dem Rundfunk vorgelagerte Branche. Hier werden die Impulse der Rundfunkanbieter auf andere Branchen besonders deutlich. Die Intensität der Verknüpfung spiegelt sich in der Größe der Eigenproduktionen der Sender und der in Deutschland produzierten Sendeminuten wieder. Tendenziell ist ein zunehmendes Maß an Eigenproduktionen im privaten und öffentlich-rechtlichen Rundfunk zu erkennen. Dies deutet auf eine erhöhte Wertschöpfung im engeren räumlichen und strukturellen Umfeld der Sender hin (Arbeitsgemeinschaft der Landesmedienanstalten (Hrsg.) 2008:59ff.).

Allein die Produktion unterscheidet sich in „Pre-Production", „Production" und „Post-Production". Jeder einzelne Bereich weist wiederum ein spezielles Aggregat an Dienstleitern, Zulieferern und anderen Akteuren auf. Abbildung neun zeigt die schematische Darstellung der in eine Produktion integrierten Akteure und Branchen bzw. Branchenbereiche.

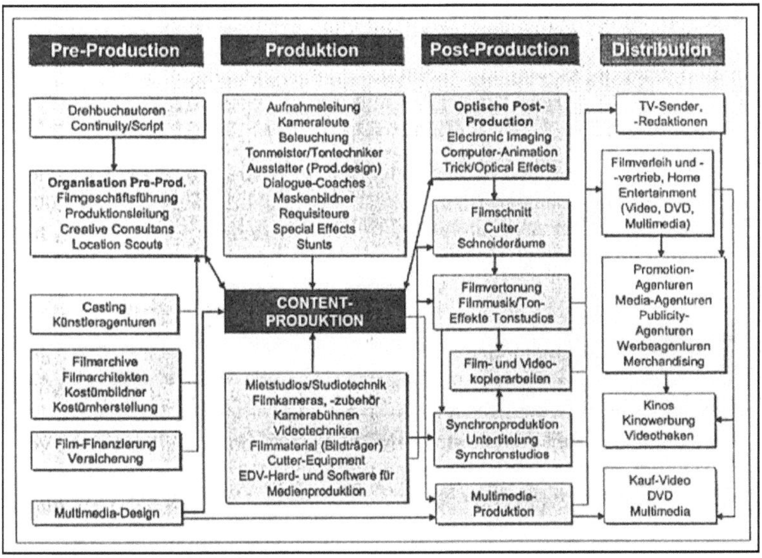

Abb.9 Schematische Darstellung der agierenden Akteure und beteiligten Branchen einer Film- und Fernsehproduktion

Quelle: Lütke 2004:35.

Der Bereich „Distribution“ beinhaltet in diesem Schema die Rundfunkveranstalter. Ihnen kommt die Rolle eines der wichtigsten Nachfrager für Film- und Fernsehproduktionen zu. Desweitern ist in diesem Schema bereits die Verwertung in Form von Promotion, Werbung und Merchandising vertreten. Dies stellt eine nachgelagerte Branche des Rundfunks dar, nämlich die Werbewirtschaft. Die Werbewirtschaft fungiert als Nachfrager für Sende- bzw. Werbeminuten. Betrachtet man die räumliche Verteilung dieser „Film- und Fernsehwirtschaft“, so ist eindeutig zu erkennen, dass die Zentren dieses Wirtschaftszweiges genau dort liegen, wo auch die Rundfunkveranstalter konzentriert sind: München, Köln und Berlin (vgl. Abb. 10). Auch wenn die Datengrundlage für Abbildung zehn das Jahr 2000 ist, so bleibt doch (auch wenn sich die absoluten Zahlen bis heute geändert haben) der aus der Abbildung ersichtliche Trend der zunehmenden Konzentration gleich, auch die führenden Städte/Regionen haben sich nicht geändert.

Stadt/Region	Beschäftigte 2000	Stadt/Region	Beschäftigte 2000
München	16342	Frankfurt	2865
Köln	15809	Stuttgart	2363
Berlin	13998	Saarbrücken	1376
Hamburg	9573	Hannover	1261
Mainz	7152	Düsseldorf	1193
Leipzig	3283	Bremen	1167
Baden-Baden	2978		

Abb.10 Beschäftigte der Film- u. Fernsehwirtschaft nach Städten/Regionen in 2000.
Quelle: Eigene Darstellung, Daten: Lütke 2004:39.

Der Vergleich von Abbildung zehn mit Abbildung drei und Abbildung sechs zeigt aber auch, dass jede dieser Städte/Regionen mit nennenswerter Bedeutung für die Film- und Fernsehwirtschaft gleichzeitig Standort einer Einrichtung des öffentlich-rechtlichen Rundfunks ist. Mit Ausnahme von drei Städten (Mainz, Baden-Baden und Düsseldorf) sind die Städte/Regionen sogar immer auch der Standort der jeweiligen Landesrundfunkanstalt. In Verbindung mit der Verteilung und der Größe der Beschäftigtenzahlen der Städte/Regionen legt dies den Schluss nahe, dass ein regionales Cluster der Film- und Fernsehwirtschaft nicht nur von einer Einrichtung des öffentlich-rechtlichen Rundfunks profitiert bzw. in ihr begründet ist, sondern dass darüber hinaus eine „kritische Masse" im Sinne einer Mindestzahl von Unternehmen bzw. Beschäftigten für die Formierung eines Clusters notwendig ist. München, Köln und Berlin haben diese „kritische Masse" erreicht und sich als Cluster gewissermaßen etabliert. Ihnen ist durch eine selbstverstärkende Dynamik weiteres Wachstum vorausgesagt (Lütke 2004:38f.). In Anbetracht der heute wichtigsten Standorte des privaten Fernsehens (ebenfalls München, Köln und Berlin) lässt sich schlussfolgern, dass der private Rundfunk in diesen Städten den Impuls in Form der nötigen Nachfrage für das Erreichen der „kritischen Masse" generiert hat. Eine Einflussgröße, die bei dem Erreichen der „kritischen Masse" somit eine Rolle gespielt hat, ist die politisch gelenkte Ansiedlung der „Privatrundfunkpioniere" (RTL in Köln, Pro 7 im Großraum München und Sat1 in Berlin). Man kann also an dieser Stelle bereits erkennen, dass das Duale Rundfunksystem weitere Standortfolgen mit sich bringt, die weit über die bisher beschriebenen mittelbaren Standortfolgen hinaus gehen. Die öffentlich-rechtlichen Rundfunkstandorte, welche in Verbindung mit den privaten Rundfunkstandorten regionale Rundfunkkonzentrationen bilden, wirken durch ihre Funktion als „Produktions-

Nachfrager" so sehr stimulierend auf die Film- und Fernsehwirtschaft, dass auch diese sich an den Standorten konzentriert. Nimmt man nun die bereits angesprochene Werbewirtschaft als nachgelagerte Branche hinzu, so wird deutlich, dass sich die Standorte des Rundfunks zu regelrechten Medienclustern bzw. „regionalen Produktionsclustern Medien" entwickelt haben. Die Dynamik, die zur Entstehung von Medienclustern führt und von ihnen ausgeht, wird im nächsten Kapitel behandelt. Für eine Stadt, die von einem solchen Cluster geprägt ist, bedeutet dies allerdings auch, eine sehr flächenintensive Branche unterstützen zu müssen. Hieraus ergibt sich auf der einen Seite ein klassisches Problem der begrenzten Fläche für großflächiges Gewerbe in Ballungsräumen und auf der anderen Seite aber auch eine Chance. Diese Chance besteht darin, dass sich eine Möglichkeit ergibt, Konversionsflächen erfolgreich zu bewirtschaften (Geschwandter-Andreß 1999:43f.). Ein Beispiel hierfür ist das Coloneum in Köln. Dort wurde der ehemalige Militärflughafen „Butzweilerhof" zu Europas größtem Film- und Fernsehproduktionszentrum mit rund 350.000qm Gesamtfläche umgebaut. Die, für den Rundfunk, nachgelagerte Werbebranche agiert wiederum als Nachfrager für einige Teilbereiche der Produktionsbranche. Werbefirmen lassen beispielsweise u. a. Werbespots von den gleichen Akteuren produzieren, die sonst Film- und Fernsehproduktion betreiben. Abbildung elf verdeutlicht die monetäre Bedeutung der Rundfunkwirtschaft für weitere vorleistende Wirtschaftszweige.

Nachfragestrukur der Rundfunkwirtschaft 2006 in Mrd. Euro		
Vorleistungsnachfrage	11,0	
	...im Inland	...im Ausland
	8,1	2,9
davon:		
Telekommunikationsdienste	0,7	0,5
Vergütungen für freie Mitarbeiter	1,1	-
Auftragsproduktionen	2,7	-
Programmkäufe	0,2	1,7
Sonstige Rechte (z.B Gema,GVL,Sport)	0,3	0,5
Sonstige Waren und Dienstleistungen	3,1	0,2
Investitionsnachfrage	0,7	
Quellen: ARD-Jahrbuch; Bundesbank; Gema; Infratest.		FSU Jena

Abb. 11 Nachfragestruktur der Rundfunkwirtschaft

Quelle: Seufert 2007:27.

Aus Abbildung elf ist zu entnehmen, dass die Rundfunkwirtschaft im Jahr 2006 Güter und Dienstleistungen im Wert von 8,1 Mrd. Euro im Inland nachgefragt hat. Damit sichert die Rundfunkwirtschaft vielen Mitarbeiten, u.a. der Telekommunikationsbranche, oder freiberuflich Tätigen, wie Künstlern oder Journalisten, den Arbeitsplatz und die Existenz. Daraus ergibt sich eine Agglomeration hochwertiger Branchen an den Medienstandorten. Die Folgen für den Standort dieser Agglomeration werden in den folgenden Kapiteln erläutert.
Ein wichtiger Aspekt bei der Betrachtung der rundfunkabhängigen Medienwirtschaft ist die Konjunkturabhängigkeit. Die konjunkturelle wirtschaftliche Gesamtlage hat Einfluss auf die Umsätze der Rundfunkveranstalter. Auf Grund der spezifischen Finanzierung ist der private Rundfunk stark konjunkturabhängig, sinkende Konjunktur führt in der Werbebranche zu einer schlechteren Auftragslage. Somit sinken die Einnahmen der privaten Rundfunkveranstalter stark, da sie zum größten Teil aus Werbeeinnahmen bestehen. Im Bereich des öffentlich-rechtlichen Rundfunks ist die Konjunkturabhängigkeit eher gering, da durch die Gebührenfinanzierung die Mittel für längere Zeit im gleichen Umfang zur Verfügung stehen und von jeglicher Nachfrage abgekoppelt sind (Seufert 2007:14ff.). Für einen Standort, an dem sich privater und öffentlich-rechtlicher Rundfunk mit den vor- und nachgelagerten Branchen konzentrieren, bedeutet dies, dass der Standort und die vor- und nachgelagerten Branchen weniger konjunkturabhängig sind als andere. Der öffentlich-rechtliche Rundfunk fungiert als eine Art Puffer. Auch bei schlechter Konjunktur kann er weiter, fast uneingeschränkt als Nachfrager fungieren, so dass die Effekte auf die vor- und nachgelagerten Branchen abgefedert werden können. In Phasen in denen es im privaten Rundfunk zu konjunkturbedingten Entlassungen und Einsparungen kommt, sichert der öffentlich-rechtliche Rundfunk zumindest einem Teil der Branche die Existenz (Seufert 2007:14ff.).

6.2 Wachstumspol Rundfunk und Clusterbildung

In Anbetracht der zuvor gegebenen Definition des Clusterbegriffs erschließt sich, dass ein Cluster eine Konzentrationssituation darstellt, in der es neben Konkurrenz auch ein hohes Maß an Kooperation gibt. In Kapitel 6.1 wurde bereits deutlich gemacht, wie sich ein solches Mediencluster zusammensetzt und wie es, ausgehend vom Rundfunk, entstehen konnte. Welche Dynamik in einem solchen Cluster herrscht und was ein Cluster für einen Standort bedeutet, wird nun thematisiert.

Die traditionellen Erklärungsansätze für Wirtschaftsentscheidungen gehen von einem gewinnmaximierenden Verhalten von Unternehmen aus. Grundlage hierfür ist eine vollständige Information über den jeweiligen Markt. In der Realität ist spezifisches „Know-how" jedoch nicht flächendeckend verfügbar, da es an Unternehmen oder Institutionen gebunden ist, die es, zum Teil auch aus Gründen des Wettbewerbsvorteils, nicht einfach ubiquitär weitergeben. Produktionsfaktoren sind in der Realität auch nicht –wie angenommen- homogen, so dass beispielsweise das Bildungsniveau, entsprechend dem Produktionsfaktor Arbeit, nicht überall gleich ist (Lütke 2004:45ff.) Übertragen auf die Medienwirtschaft bedeutet dies einen Wettbewerbsvorteil durch die Clusterbildung. Das spezifische „Know-how" ist an den Standorten der Unternehmen und Institutionen gebunden, also dort, wo sich die wichtigen Sendeanstalten und Einrichtungen des öffentlich-rechtlichen Rundfunks befinden. Wie aus den vorherigen Kapiteln bekannt ist, engagiert sich besonders der öffentlich-rechtliche Rundfunk stark in den Bereichen Forschung und Bildung. Die daraus entstehenden positiven Effekte auf das Vorhandensein von qualifiziertem Personal haben somit auch Auswirkungen auf die Clusterbildung. In einem Cluster herrscht, nach der Überschreitung der „kritischen Masse", eine, sich selbst verstärkende, positive Eigendynamik. Da Unternehmen darüber hinaus gewinnmaximierend agieren und ein Cluster Agglomerationsvorteile bietet, verstärkt dies den Prozess weiter. Anders gesprochen suchen die vor- und nachgelagerten Branchen aus Kosten- und Effizienzgründen die Nähe zu den Wachstumspolen Rundfunk.

Die Theorie der Wachstumspole besagt, dass ein regionales Wachstum sektoral unterschiedlich verläuft. Innovationen setzen eine Entwicklung der Wirtschaft in Gang, die sich sektoral ausbreitet und regionale Auswirkungen hat. So können Wachstumspole entstehen, die sich vor allem durch quantitative Größen, hohe Wachstumsraten und ein hohes Maß an Verflechtung auszeichnen (Lütke 2004:46f.). Überträgt man diese Überlegungen auf den Rundfunk, so lassen sich die Zentren der Rundfunkwirtschaft als regionale Wachstumspole identifizieren. In Kapitel 5.3 wurde bereits nachgewiesen, dass der Rundfunk hohe Wachstumsraten in den Bereichen Beschäftigung und Wirtschaftlichkeit zu verzeichnen hat. Ausgehend von rundfunktechnischen und/oder medialen Innovationen im weitesten Sinne setzt sich so an einem Standort eine wirtschaftliche Entwicklung in Gang, die auf unterschiedliche andere Branchen Anstoß- oder Abbremseffekte hat (Lütke 2004:46f.). Exemplarisch bedeutet das, dass Wirtschaftswachstum bei den Rundfunksendern, als wichtigsten Nachfragern, positive Auswirkungen auf die vor- und nachgelagerten Branchen hat. Für einen Standort bedeutet dieser Zusammenhang, dass er von Innovationen in den Bereichen des Wachstumspoles profitieren kann. Allerdings bedeutet es auch, dass der Standort von diesem Wachstumspol abhängig ist. Sollten Innovationen für einen längeren Zeitraum ausbleiben, so bedeutet dies unter Umständen eine Schwächung des Standortes mit negativen Auswirkungen auf alle Branchen. Auch wenn ein Cluster selber, durch seine lokalisierte Wissensbasis und seine Agglomerationsvorteile, positive Standortfolgen hat, so reduziert sich jedoch auch die Diversifizierung und der Standort wird abhängiger von der Entwicklung der Schlüsselbranche. Die Innovation, die ein Wachstum der Rundfunkbranche und damit zeitlich versetzt ein Wachstum der vor- und nachgelagerten Branchen initiierte, war die Dualisierung des Rundfunks, also das Zulassen von Privatrundfunk. Abbildung zwölf zeigt das Umsystem eines Medienunternehmens. Hier zeigt sich welche Branchen vom Wachstumspol „Medienwirtschaft“ abhängig sein können: Kunden, Absatzmittler und Lieferanten stellen jeweils viele weitere Branchen dar und sind bereits als vor- und nachgelagerte Branchen bekannt. Das in Abbildung zwölf dargestellte soziokulturelle und das politisch-rechtliche Umfeld sowie die technologische Komponente werden im folgenden Kapitel behandelt. Kapitalgeber spiegeln eine bisher nicht beachtete Branche wieder, die Finanzbranche. Die Investitionsnachfrage der Rundfunkwirtschaft von rund 700 Mio. Euro (2006) aus Abbildung elf spiegelt die monetäre Bedeutung dieser Branche wieder. Abbildung zwölf veranschaulicht zusätzlich, welche Branchen durch welches Umfeld geprägt sind. Der Personalmarkt in Abbildung zwölf veranschaulicht die direkten Arbeitnehmer eines Medienunternehmens und ist, beispielsweise, im hohen Maße vom soziokulturellen Umfeld beeinflusst. Die Kunden eines Medienunternehmens spiegeln vor allem die Werbewirtschaft wieder, diese ist verknüpft mit der technologischen und der ökologischen Komponente des Umfelds.

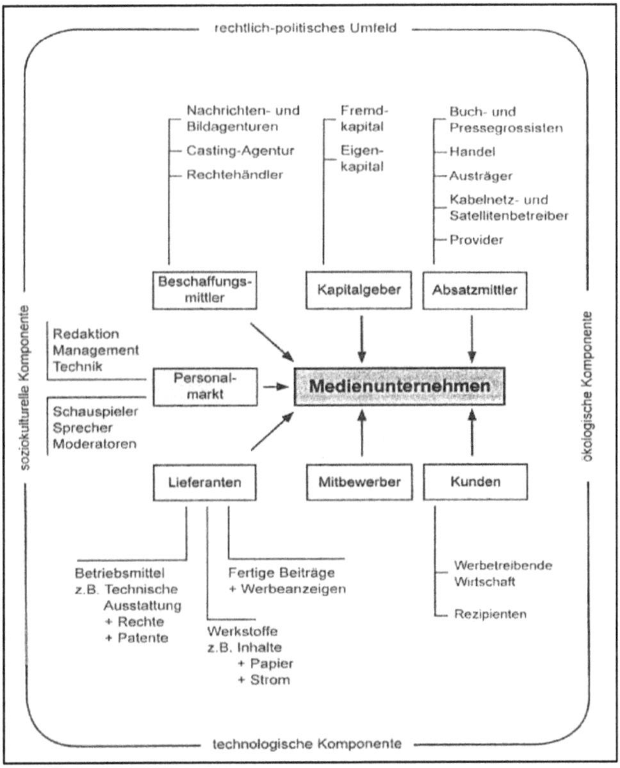

Abb.12 Das Umsystem eines Medienunternehmens u. verflechtete Branchen

Quelle: Beyer / Carl 2004:18).

Da all die Branchen, die in Abbildung zwölf enthalten sind, von einer mehr oder weniger direkten Nähe zueinander profitieren, können sie zur Clusterbildung beitragen. Aus Abbildung zwölf lässt sich auch entnehmen, wie sehr die anderen Branchen auf die Zusammenarbeit mit den Medienunternehmen angewiesen sind und welche Handlungsfelder es gibt.

6.3 Milieutheorien und politische Handlungsfelder

Der Begriff „Milieu“ definiert sich für sozial- und wirtschaftsräumliche Untersuchungen als ein theoretischer Ansatz zur Erklärung von Beziehungen sozialer Gruppen, Organisationen und Institutionen untereinander. Milieus beschreiben Gruppen von Menschen mit ähnlichem Lebensstil und daraus resultierenden persönlichen Kontakten (Lütke 2004:56f.). Folglich sind es Netzwerke, die diese Milieus formen. Kreative Produktionsmilieus definieren sich als ein komplexes Netzwerk von informellen Beziehungen und persönlichen Kontakten auf einem lokal begrenzten Gebiet. In kreativen Milieus mischen sich private und nicht private Kontakte. So akkumulieren sich in diesen Milieus Informationen, die auch als strategisches Wissen angesehen werden können. Denn sie sind, wie bereits beschrieben, ein Wettbewerbsvorteil von Standorten. Hinzu kommt, dass externe Kontakte einzelner Personen durch das hohe Maß an Verknüpfung positive Impulse auf das Milieu haben können. Kreative Milieus bilden sich in Clustern und richten ihre Aktivitäten auf eine Wertschöpfung in einem solchen Produktionssystem aus (Lütke 2004:58f.). Vorteile, die sich aus einem solchen Milieu für die Beteiligten ergeben, sind - neben Synergieeffekten - vor allem auch die Reduzierung von Unsicherheiten durch soziale, persönliche Kontakte und eine imagebildende Wirkung. In einem kreativen Milieu teilen die Akteure bestimmte Wertvorstellungen und Handlungsmuster. Daraus ergibt sich ein Zusammengehörigkeitsgefühl, welches sich auf der einen Seite positiv innerhalb des Milieus auswirkt und auf der anderen Seite zur positiven Imagebildung nach außen beiträgt. Kreative Milieus haben zwar positive Effekte in einem Cluster, entwickeln sich jedoch nicht zwangsläufig in einem solchen. Aufgabe der Politik und der Institutionen ist es also, in einem Cluster bestmögliche Bedingungen für das Entstehen eines solchen Milieus zu schaffen, um davon zu profitieren (Lütke 2004:59ff.).

Auch der Begriff des innovativen Milieus beschreibt eine Struktur, die auf persönlichen Kontakten beruht. Hier stehen allerdings eher die Unternehmen durch ihre Mitarbeiter in Kontakt. Auch hier ist der „Nährboden“ ein Produktionscluster. Aus der räumlichen Nähe der Unternehmen ergibt sich ein ständiger Innovationsdruck, der u.a. durch Synergieeffekte eine hohe Konzentration an Forschung und Entwicklung schafft und somit ein innovationsfreundliches Umfeld generiert. Ebenso wie in einem kreativen Milieu werden hier Unsicherheiten durch die Möglichkeit des sozialen, persönlichen Kontaktes reduziert. Reduzierung der Unsicherheiten hat immer eine Steigerung des

Vertrauens zur Folge. Hierdurch wirkt ein kreatives oder innovatives Milieu anreizend für weitere Betriebe der spezifischen Branche. Auch Transaktionskosten, wie Beschaffungs- Produktions- und Absatzkosten, reduzieren sich durch die Effekte eines Milieus an einem Standort (Geschwandter-Andreß 1999:21ff.). Übertragen auf die Situation der Medienbranche, kann ein innovatives oder kreatives Milieu als Erklärungsansatz für die sich selbst verstärkende Dynamik in einem Rundfunk- und Produktions- bzw. Medienclusters herangezogen werden.

Die Produktion in einem solchen Cluster ist zunehmend postfordistischer Natur. Das heißt, an Stelle von Massengütern treten flexible Produkte in kleinen Einheiten. Für die agierenden Unternehmen, allen voran die Produktionsfirmen der Fernsehproduktion, bedeutet dies, dass sie sich einer flexiblen Spezialisierung unterziehen müssen. Die Zusammenarbeit erfolgt projekt- bzw. auftragsbezogen. Einzelne Unternehmen arbeiten in engen, zeitlich begrenzten Netzwerken zusammen, um so komplexe Aufgaben flexibel und zugleich mit hoher spezifischer produkt- und prozessbezogener Kompetenz bewältigen zu können. So weist die Contentproduktion, als die Produktion der Medieninhalte, in Deutschland eine Struktur vieler kleiner und Kleinst-Unternehmen auf, die durch große agile Produzenten miteinander verknüpft sind. Diese Struktur ist Abbildung 13 zu entnehmen, dort ist auch zu sehen, dass die Verknüpfung der Unternehmen untereinander gewährleistet ist.

Contentproduktionen werden von vertikal desintegrierten Produktionsfimen, in unternehmensübergreifenden Kooperationen organisiert. Alle an einem Projekt beteiligten Unternehmen organisieren sich in einem Netzwerk und können wiederum auf Netzwerke aus anderen Projekten zurückgreifen (Lütke 2004:115ff.).

Ein innovatives Milieu, wie oben beschrieben, bedarf vor allem eines guten Kontaktes der wichtigsten Akteure in einem Netzwerk. Ein solch innovationsförderndes Netzwerk besteht aus öffentlichen Institutionen, Unternehmen, Arbeitskräften, IHKs, Wirtschaftsförderungsgesellschaften und Risikokapitalgebern. Die institutionellen Rahmenbedingungen, die diese Akteure schaffen, sind der Nährboden für ein kreatives Milieu. Aufgrund der, für einen Standort positiven Effekte kreativer und innovativer Milieus (hohe Produktivität durch Vertrauen und reduzierte Unsicherheit, entsprechend der Senkung der Transaktionskosten und positive Imagebildung), ergibt sich ein politisches Handlungsfeld, dessen Aufgabe darin besteht, möglichst günstige institutionelle Rahmenbedingungen für die Entstehung und Entwicklung der Milieus zu schaffen (Geschwandter-Andreß 1999:24).

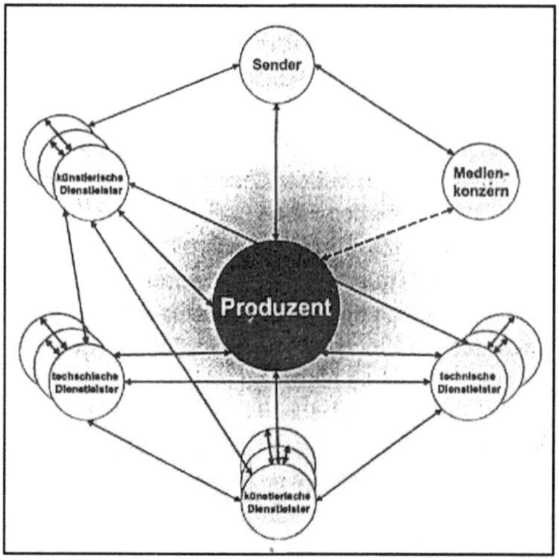

Abb.13 Projektnetzwerk in der Conten-Produktion
Quelle: Lütke 2004:119.

Bei Übertragung der „Milieu-Theorie“ auf den Rundfunksektor ergibt sich ein hohes Maß an Übereinstimmung. Dies wird in Kapitel sieben, an ausgewählten Beispielen aus der Stadt Köln, verdeutlicht. Welche Standortfolgen sich aus diesen Theorien ergeben, besonders auf die Bereiche: Bildung, Arbeitsmarkt, Infrastruktur und Image, wird, neben dem Wirtschaftspotential eines Medienclusters, im folgenden Kapitel thematisiert.

6.4 Standortfolgen eines Medienclusters

Die bisher beschriebene Dynamik in einen Cluster, wie es beispielsweise aus dem Dualen Rundfunksystem entstanden ist, hat mit unter sehr spezifische Standortfolgen und steuert auch einen Teil zum Wirtschaftpotential eines Mediencluster bei. Während sich einige Folgen aus dem politischen Handlungsrahmen ergeben, basieren andere auf den Effekten, die aus der Dynamik heraus entstehen. Das Wirtschaftspotential eines Medienclusters ist lediglich die monetäre Auswirkung der gesamten Dynamik. Andere Bereiche wie der Bildungs- und Arbeitsmarkt oder die Infrastruktur werden gewissermaßen endogenisiert und können nur als „Gegenstand“ der Dynamik erklärt werden, das Image wiederum ist ein Aggregat welches während der dynamischen Prozesse entsteht.

6.4.1 Arbeitsmarkt, Bildungssektor und Infrastruktur

Aus Kapitel 6.3 ist der institutionelle Handlungsspielraum in einem Mediencluster bereits bekannt. Auch die Bedeutung der durch diesen Handlungspeilraum geschaffenen Rahmenbedingungen für die Entwicklung des Clusters wurde dargestellt. Nun soll herausgestellt werden, welche konkreten Auswirkungen das Handlungsfeld in einem Mediencluster auf den Standort hat.
Vor den 1980er Jahren konnten die wenigen privaten Akteure der Fernsehbranche ihre Arbeitskräftenachfrage aus den, durch die öffentlich-rechtlichen Rundfunkveranstalter ausgebildeten, Fachkräften decken oder sie durch eigene spezifische Ausbildungen gering halten (Lütke:2004:143). Mit der Dualisierung des Rundfunks stieg die Nachfrage an qualifiziertem Personal sprunghaft an, so dass Politik und Institutionen handeln mussten, wenn sie weiterhin die Attraktivität ihres Standortes sichern wollten. Durch die, Netzwerkstrukturen in einem Mediencluster, kann eine solche Ausweitung der Ausbildungskapazitäten schnell und effektiv erfolgen, so dass neben der quantitativen Ausweitung des Angebotes auch erste Spezialisierungen entstehen. Voraussetzung hierfür ist eine zielorientierte Zusammenarbeit von Institutionen und Politik. In den 1980er Jahren entsteht auch erstmals eine Konkurrenzsituation auf dem Ausbildungsmarkt. Erste private Bildungs- und Ausbildungseinrichtungen entstehen. Die institutionellen Rahmenbedingungen werden durch privatwirtschaftliches Engagement ausgeweitet. Durch das Wachstum und die steigende Nachfrage der Rundfunkbranche getragen, entsteht so an Medienstandorten ein Bildungsmarkt der durch quantitative Größe und Diversifikation gekennzeichnet ist (vgl. Abb 14).

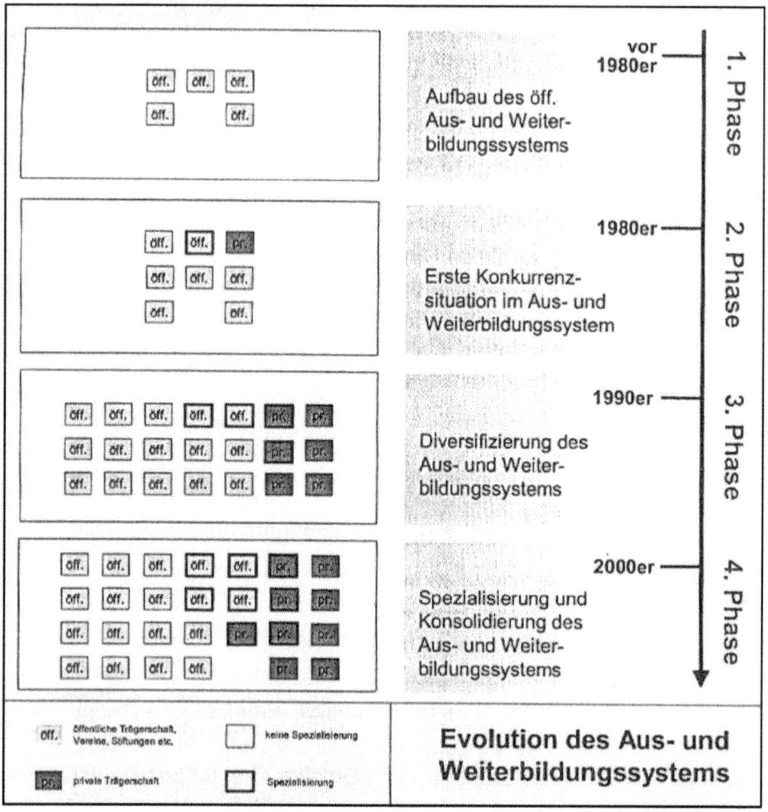

Abb. 14 Evolution des Aus- und Weiterbildungssystems an einem Standort mit hoher regionaler Medienkonzentration

Quelle: Lütke 2004:142.

Darüber hinaus herrscht auf diesem Bildungsmarkt eine Konkurrenzsituation zwischen öffentlich-rechtlichen und privaten Einrichtungen. Als Standortfolge lässt sich somit ein qualitativ und quantitativ hohes Niveau des Arbeitsmarktes herausstellen. Details eines solchen Bildungsmarktes sind in Kapitel sieben an dem Beispiel der Stadt Köln nachzulesen. Natürlich hat ein solcher Bildungsmarkt auch wieder weitere Effekte auf den Standort. Er generiert weitere Arbeitsplätze, so dass eine weiter vorgelagerte Branche, die Bildungsbranche, von der Rundfunkwirtschaft profitiert. Aber auch der

Effekt nach außen ist bedeutend. Die Medienbranche gilt als sehr arbeits- und „skill"-intensiv, somit wirkt ein hochwertiger Bildungssektor als bedeutender Standortfaktor für Medienunternehmen. Auch hier liegt somit eine, sich selbst verstärkende, Eigendynamik vor, von der ein Standort profitiert (Hanke 1996:94ff. & Lütke 2004:1939ff.).

Die mittelbaren Auswirkungen auf den gesamten Arbeitsmarkt liegen somit auf der Hand. Es entstehen neue Arbeitsplätze in den Bereichen Aus- und Weiterbildung, die wiederum die Ausbildung hoch qualifizierten Fachpersonals zur Aufgabe haben.

Die infrastrukturellen Folgen für einen Standort sind solche, die der Medienbranche zugewandt sind. Eine gewisse Dichte an beratenden Dienstleistungen, Anwälten und Steuerberatern stellt somit eine förderliche Infrastruktur dar. Auch diese Branche kann von dem Mediencluster profitieren und ihre eigene Wertschöpfung und weitere Arbeitsplätze generieren (Geschwandter-Andreß 1999:4).

Die Bereitstellung von Gewerbefläche für Neuansiedlungen in einem Mediencluster kann mitunter problemtisch sein, wie aber bereits erwähnt ergibt sich hier die Chance des erfolgreichen Bewirtschaftens von Konversionsflächen. So entsteht durch Flächengewinnung bauliche, verkehrstechnische und nachrichtentechnische Infrastruktur, die zum Teil auch von anderen Branchen genutzt werden kann (Geschwandter-Andreß 1999:42ff.).

All diese Standortfolgen sind das Ergebnis der Bemühungen der Politik und Institutionen, zum Teil in Kooperation mit den Rundfunkveranstaltern, Rahmenbedingungen zu schaffen, die eine wirtschaftsfördernde Atmosphäre erzeugen.

An dieser Stelle kann auch die Multiplikatorfunktion des öffentlich-rechtlichen Rundfunks ausfüllend erklärt werden. Neben der bekannten Funktion als Nachfrager hat der öffentliche-rechtliche Rundfunk die Funktionen einer Institution und die Funktion eines Fachkräfte bildenden Ausbildungssystems inne. All diese Funktionen generieren einen Mehrwert für den Standort und sind der Netzwerkbildung im Sinne der Milieutheorie (an einem Standort, in einem Cluster), zuträglich.

6.4.2 Wirtschaftliches Potential

Da nun bekannt ist, welche Akteure und Branchen an der Dynamik und der Entwicklung eines Clusters beteiligt sind, kann man das gesamte, daraus resultierende

Wirtschaftspotential ermitteln. An dieser Stelle wird allerdings vorausgesetzt, dass auch andere Medienbereiche, wie die Print- und Verlagsbranche sowie andere kreative Branchen, wie die Design- und Architekturbranche, von der Dynamik eines Medienclusters profitieren. Dies ist in der Realität durchaus zutreffend. Demnach stellen die sogenannten „Creative-Industries“, also die Kulturwirtschaft, den gesamten Wirtschaftsbereich in einem mediennahen Umfeld dar. Die elf Branchen der „Creative-Industries sind Abbildung 15 zu entnehmen.

	Umsatz d. Unternehemen 2004 in Mio EUR
I Kernbranchen der Kulturwirtschaft	151.392
Verlagsgewerbe (Buchverlage, Presseverlage, Tonträger- und Musikverlage)	9.544
Filmwirtschaft (Film- TV-Film, Video-Produktion, Verleih, Vertrieb, Kino)	8.225
Rundfunkwirtschaft (Hörfunk, Fernsehen)	839
Musik, visuelle und dargestellte Kunst (Freiberufliche Künstler, private Theater-,Kleinkunstzentren, Theater-/Konzertdirektion, bühnentechnische Betriebe	36.672
Journalisten-/Nachrichtenbüros	14.910
Museumsshops, Kunstausstellungen (komerzielle Museeumsaktivitäten und Kunstausstellungen)	1.242
Einzelhandel mit Kulturgütern (Musikfachhandel, Buchhandel,Galerien, Kunsthandel)	7.698
Architektenbüros (Innen-/Gartengestaltungs-, Hoch-/Tiefbauarchitekten)	37.233
Designwirtschaft (Industrie-, Produkt- mit Mode/Textil- u-ä. Design,	35.029
II Neu aufgenommen Kreativbranchen	48.780
Werbung (Werbevermittlung etc. ohneWerbedesign)	17.977
Software/Games (Software-, und Spieleentwicklung und -beratung, ohne Hardware)	30.783
I+II = Creative-Industries	200.172

Abb. 15 Branchen der Creative-Industries und ihre Unternehmensumsätze

Quelle: Eigene Darstellung, Daten Büro für Kulturpolitik und Kulturwirtschaft (Hrsg.) 2009:14f.

Die Unternehmensumsätze der Branchen der „Creative-Industries“ verdeutlichen bereits die ihre wirtschaftliche Gesamtrelevanz (vgl. Abb.15). Die Bruttowertschöpfung der „Creative-Industries“ lag im Jahr 2004 bei rund 58 Mrd. Euro und betrug somit 2,6 % des gesamten BIPs und liegt damit nur relativ knapp hinter der Automobilindustrie mit rund 64 Mrd. Euro (Büro für Kulturpolitik und Kulturwirtschaft (Hrsg.) 2009:12). Die „Creative-Industries“ erwirtschaftete im Jahr 2004 einen Gesamtumsatz von mehr als 121 Mrd. Euro und wies über 200.000 Beschäftigte auf (2005) (KreativwirtschaftDeutschland (Hrsg.) 2009). Als Indikator für die Konzentration der „Creative-Industries“ an Medienstandorten können die Stellenanzeigen nach Bundesländern herangezogen werden. Rund 75% aller Stellenausschreibungen in Bereichen der „Creative-Industries“ entfallen auf die Bundesländer NRW, Bayern, Berlin und Baden-Württemberg. In Anbetracht der Wirtschaftdaten der „Creative-Industries“

ergibt sich auch hieraus eine Konzentration der Wirtschaftskraft, welche das Wirtschaftspotential der gesamten Branche in den bekannten (außer Baden-Württemberg) Medienregionen der Bundesrepublik darstellt. Da unterstellt wurde, dass die „Creative-Industries" von der Dynamik eines Mediencluster in einer Region profitieren und gleichzeitig Hauptbestandteil dieses Clusters sind, ist die Wirtschaftskraft und das Wirtschaftpotential eines Medienstandortes oder einer ganzen Medienregion folglich im hohen Maße von den Branchen der „Creative-Industries" abhängig (Büro für Kulturpolitik und Kulturwirtschaft (Hrsg.) 2009:21ff.).

6.4.3 Image

Dass eine positive Imagebildung durch ein Mediencluster getragen wird, wurde bereits verdeutlicht. Ausschlaggebend sind hier die persönlichen Erfahrungen der Akteure und die, aus der Kommunikation nach außen, entstehenden Eindrücke. Die positiven Erfahrungen stammen aus den Effekten, die ein kreatives und/oder innovatives Milieu generieren. Exemplarisch ist hier der Bildungsbereich oder auch die gesamte wirtschaftsfördernde Atmosphäre zu nennen. Auch allein das Vorhandensein eines Milieus mit seinen spezifischen Netzwerken kann als positiver Effekt aufgefasst und kommuniziert werden. Neben den Eindrücken, den Akteure nach außen vermitteln, setzten vor allem Medienstandorte auf die aktive Bildung eines positiven Images. Standortmarketing und Außendarstellung einer Stadt sind hierfür die Schlüsselbegriffe.
Ganz allgemein wird ein Image von Menschen auch auf der Gefühlsebene wahrgenommen. So ermöglicht ein Image den Individuen eine vereinfachte Organisation des Informationsinputs und dient somit zur Orientierung.
Ein positives Standortimage erleichtert somit die Zusammenarbeit und fördert auch das Vertrauen an einem Standort (Hanke 1996:31f.). Somit ergibt sich für ein positives Standortimage nicht nur ein subjektiver, sondern auch ein objektiver Standortfaktor, denn eine erleichterte Zusammenarbeit kann wiederum, für die Beteiligten, positive wirtschaftliche Folgen haben. Als Standortfolge bleibt an dieser Stelle die Feststellung, dass ein Mediencluster einerseits imagebildend auf einen Standort wirkt, aber dass andererseits ein Mediencluster auch von einem positiven Image profitiert.

7. Zusammenfassung der Standortfolgen und Projektion auf konkrete Beispiele

Nachdem nun eine umfangreiche Analyse der Standortfolgen stattgefunden hat, lassen sich die Standortfolgen des Dualen Rundfunksystems wie folgt differenzieren. Zum einen ergibt sich aus der jeweiligen Art des Rundfunks, seiner rechtlichen Grundlage und Finanzierungsmöglichkeit ein Strukturunterschied.

- Dezentrale, hierarchische Struktur von Einrichtungen des öffentlich-rechtlichen Rundfunks
- Konzentration des privaten Rundfunks an bestimmten, für ihn vorteilhaften Standorten

Das Aggregat dieser unterschiedlich beeinflussten Strukturen sind Rundfunkkonzentrationen an bestimmten Standorten, die sich nach überschreiten einer „kritischen Masse“ als Mediencluster etablieren. Die Standortfolgen des Dualen Rundfunksystems sind also weiter zu differenzieren. Die mittelbaren Auswirkungen des Rundfunks haben eine Beschäftigungs- und Wirtschaftskomponente, die jeden Rundfunkstandort (egal ob Cluster oder Standort eines einzelnen Korrespondenzbüros) betrifft. Die Bündelung der Folgen findet jedoch in den Medienclustern statt. Diese Mediencluster lassen sich als Standortfolge des Dualen Rundfunksystems verstehen, bringen jedoch darüber hinaus viele weitere Folgen für einen Standort mit sich:

- Hohes Maß an Verflechtung vor- und nachgelagerter Branchen vor Ort, untereinander und mit Medienunternehmen.
- Abhängigkeit von einer Schlüsselbranche (hier: allgemein Medien- oder speziell Rundfunkwirtschaft).
- „Entdiversifizierung“ des Standortes.
- Hohe institutionelle Dichte durch politisches und institutionelles Engagement zur Struktur- und Wirtschaftsförderung.

Diese Gegebenheiten, die in einem Mediencluster entstehen, bringen wiederum mittelbare Standortfolgen mit sich:

- Quantitativ und qualitativ hochwertiger Bildungssektor bzw. quantitativ und qualitativ positive Entwicklung im Bildungssektor.
- Gut ausgebildetes und hoch bezahltes Fachpersonal vor Ort.
- Ansiedlung anderer wissensintensiver Dienstleister wie (Urheber-)Rechtsanwälte, Steuerberater oder Unternehmensberater.
- Verkerstechnischer Infrastrukturausbau.
- Positive Imagebildung.
- Agglomerationsvorteile.

Viele der Folgen und Gegebenheiten, die ein Cluster mit sich bringt, tragen zu einer sich selbst verstärkenden Eigendynamik in einem solchen Cluster bei. Darüber hinaus haben natürlich auch die Standortfolgen eines Mediencluster weitere Effekte auf das Wirtschaftspotential und den Arbeitsmarkt eines Standortes. Außerdem lassen sich positive oder negative städtebauliche Folgen nicht ausschließen. Zum einen besteht die Chance des erfolgreichen Bewirtschaftens von Konversionsflächen oder das Erbauen architektonisch anspruchsvoller Neubauten, zum anderen können Flächenerweiterungen von Bürgern als unvorteilhaft oder finanziell riskant wahrgenommen werden. Auf Grund der Wirtschaftsstärke der Medienbranche ergeben sich auch steuerliche Vorteile für die jeweilige Kommune bzw. Stadt. Aber auch die Ausgaben für Standortmarketing, Flächengewinnung und Infrastrukturmaßnahmen sowie für Subventionen können unter Umständen verhältnissmäßig hoch sein. Eine Besonderheit des Medienclusters liegt darin, dass eine seiner Schlüsselbranchen, der Rundfunk bzw. der öffentlich-rechtliche Rundfunk, als „Konjunkturpuffer", die Folgen einer schlechten Konjunktur geringfügig abschwächen kann.

Im folgenden werden die Standortfolgen, vor allem diese, die aus einem Mediencluster entstehen, kurz auf die Stadt Köln projeziert. Darüber hinaus werden aber auch andere Ergebnisse der Analysen auf die Stadt projeziert.

Köln ist heute der wichtigste Medienstandort in NRW und einer der drei wichtigsten Medienstandorte in Deutschland. In der chronologischen Darstellung der Entwicklung, die zu der herausragenden Rolle Kölns geführt hat, lassen sich eine Vielzahl der beschriebenen Prozesse und Standortfolgen wiederfinden.

Die lange Tradition, die Köln als Verlags- und Druckereistadt hat, soll hier nur am Rande erwähnt werden. Die Betrachtung des Medienstandortes Köln beginnt mit der Ansiedlung des WDR Funkhauses im Jahr 1954. Hier kann bereits das seit dem Jahr 1929 vorhandene Institut für Theater-, Film- und Fernsehwissenschaften einen ausschlaggebenden Standtortvorteil dargestellt haben. Die Ansiedelung erfolgt jedoch, auf Grund der Zerstörung des vorherigen Senders in Langenberg, durch die Aliierten. Die Entwicklungen in der Folgezeit bis zum Jahr 1984 waren eher marginal. Die vorhandenen Bildungseinrichtungen reichten aus, um den Arbeitsmarkt zu sättigen. Es gab keine poltitische Intervention in das Standortgefüge und auch keine nennenswerten Neuansiedlungen. Die Dynamik der Entwicklung beginnt im Jahr 1984 mit der Dualisierung des Rundfunks. Bereits im Jahr 1985 wurde die erwartete Entwicklung der Medienbranche in Köln richtig eingeschätzt, so dass auf politischer Ebene im selben

Jahr die Entscheidung fiel, Köln zur Kommunikations- und Medienstadt auszubauen (Geschwandter-Andreß 1999:27 & Lütke 2004:40). Somit ist es auch auf die politische Ebene zurückzuführen, dass Deutschlands erster (und heute größter) Privatfernsehsender RTL, durch Anreize im Jahr 1988 in Köln angesiedelt werden konnte:

> *„Entscheidend für den Umzug von RTL [...] in die Domstadt [...] war zum einen die Möglichkeit, im bevölkerungsreichten Bundesland terrestrische Frequenzen zu erhalten. Die Standortwahl fiel auf Köln, da hier die Stadtsparkasse und die Stadt dem Sender sofort ein Gebäude [...] so wie Wohnungen für die Mitarbeiter zur Verfügung stellen konnte. Durch den WDR war in Köln außerdem ein Arbeitskräftepool, bestehend aus Produktionsfirmen, Redakteuren und Moderatoren, vorhanden. [...] Insgesamt zahlte die Stadt rund zehn Millionen DM an direkten und indirekten Subventionen, um RTL nach Köln zu holen“* (Geschwandter-Andreß 1999:28).

Hier sind bereits die Anknüpfungspunkte zu den theortisch dargestellten Handlungsfeldern der Politik. Auch lässt sich hier bereits die erste Phase des Arbeitsmarktes bzw. Bildungssektors aus Kapitel 6.4.1 wiederfinden. Institutionelles Engagement bewies in dieser Betrachtung vor allem auch die Stadtsparkasse Köln. Auf dem Arbeitsmarkt erfolgte durch das Wachstum im Rundfunk ein Mangel an qualifiziertem Personal. Daraufhin wurde eine Intiative zum Ausbau entsprechender Aus- und Weiterbildungsangebote gegründet. Ein wichtiger Akteur, neben der Stadt war hier der „Verband der Film-, Fernseh- und Videowirtschaft NRW e.V.“. Nach einem Entwicklungsprozess konnte so das „Koordinierungszentrum Ausbildung in Medienberufen“ (AIM) etabliert werden. Das AIM wird von unterschiedlichsten Institutionen, Unternehmen, Gewerkschaften und von der Stadt Köln getragen. NRWs damaliger Ministerpräsident lässt sich wie folgt zitieren:

> *„Eine Region kann nur eine Medienregion sein und bleiben, wenn sie auch ein Medienbildungszentrum ist“ (Lütke 2004:143).*

Des weiteren engagierte sich der WDR und verschiedene Stiftungen im Bereich der Bildung und Weiterbildung. Hervorzuheben sind vor allem auch die Engagements privater Unternehmen (wie RTL oder die Produktionsfirma Brainpool) in Zusammenarbeit mit einzelnen Institutionen, um spezialisierte Fachkräfte zu gewinnen. Beispielhaft sind hier die „Comedy-Schule“ oder die „Gag-Akademie“ zu nennen. Auch gänzlich private Einrichtungen, wie „ARTURO“ als Schauspielschule, sind heute vorhanden.(Lütke 2004:142f.).

Die Betrachtung der Entwicklung des Bildungsmarktes lässt vor allem zwei Aspekte deutlich werden. Zum einen die effektive, vielschichtige und zielgerichtete Art der Zusammenarbeit der Akteure. Dieser Zusammenarbeit liegt ein enges Netzwerk zugrunde, welches in der Theorie der innovativen Milieus verankert ist. Zum anderen wird auch die Entwicklung des Arbeitsmarktes, gekennzeichnet durch quantitative Ausweitung und qualitative Spezialisierung, wie in Kapitel 6.4.1 beschrieben, deutlich. Auch der Ansatzpunkt, den öffentlich-rechtlichen Rundfunk als Multiplikator zu verstehen wird aus den bisherigen Ausführungen bereits ersichtlich. So fungierte der WDR als Nachfrager, als Institution, als Bildungseinrichtung und durch seinen „Arbeitskräftepool" letztlich auch als Standortfaktor.

Die fortschreitende Entwicklung des privatwirtschaftlichen Rundfunks führte zu weiteren Ansiedlungen von nenneswerten Sendern in Köln.Der Sender VOX beispielsweise wurde auch durch politisches Engagement, in Form von Standortzusagen, nach Köln „gelotst". Ein Gewerbegebiet in Köln Ossendorf wurde hierfür in kürzester Zeit bezugsbereit gemacht. Durch die Ansiedlung vieler weiterer Sender erhöhte sich die Nachfrage nach Content, also nach dem Gut, welches Produktionsfirmen liefern. In Folge dessen kam es zu zahlreichen Frimenneugründungen und -zuzügen (Geschwandter-Andreß 1999:28f.). In den Anfangsjahren entstanden so sehr große Studiokomplexe und große Unternehmen. Später erfolgte eher ein Trend in Richtung einer thematischen oder branchenspezifischen Spezialisierung, welche eher die Ansiedlung und Gründung kleinstrukturiger Unternhemen mit sich brachte(Lütke 2004:146ff.).

Verschiedene Veranstaltungen, wie das „Medienforum NRW" oder Fernsehpreise und auch Fachmessen und –kongresse, dienten und dienen dazu, branchenübergreifende Netzwerkstrukturen zu bilden (Geschwandter-Andreß 1999:29). Diese Veranstaltungen ermöglichten so, auch im Sinne der Theorie des kreativen Milieus, einen Aufbau eines Netzwerkes mit persönlichem Kontakt der Akteure untereinander. Die persönlichen Zusammentreffen der Akteure förderte und fördert die Vertrauensbildung und kann somit auch zur Senkung der Transaktionskosten dienen.

Ein Merkmal des Cluster, die gleichzeitige Situation von Konkurrenz und Zusammenarbeit in einer Branche, lässt sich am Beispiel Köln an den Produktionsfirmen herausstellen. Trotz Konkurrenz (ihre Angebote, angesichts der begrenzten Nachfrage der Unternehmen, zu verkaufen) organisieren sie sich in gemeinsamen Verbänden, die aus Eigeninitiative entstanden sind (Geschwandter-Andreß 1999:29).

Schon aus den bisher genannten Aspekten folgt, zum Teil auch durch positive Imagebildung, eine Magnetfunktion der Stadt Köln. Als Folge siedelten sich auch internationale Player der Branche an, Sony (mittlerweile Berlin), EMI oder Bertelsmann sind nur einige. Wenn auch diese Player zum Teil an Gewicht verloren haben (Beispiel Bertelsmann) oder sich nicht mehr in Köln befinden, so ist Köln doch weiterhin bei Globalplayern beliebt. Eine der wichtigsten Neuansiedlungen in Köln der jüngsten Vergangenheit ist die eines Ablegers von Microsoft (Stadt und IHK Köln (Hrsg.) 2008:2). Das Wirtschaftpotential des Mediensektors in Köln wird erkennbar, wenn man sich vor Augen führt, dass Köln auf NRW bezogen rund 35% des Geasmtumsatzes der „Creative-Industries" erwirtschaftet (Stadt und IHK Köln (Hrsg.) 2008:2). An der Medienbranche in Köln hängen, nach Schätzung der Stadtverwaltung Köln, rund 15.000 Arbeitsplätze zuzüglich 35.000 Freiberufler (Sekereva 2009).

Die gesamte Darstellung des Mediencluster Köln würde an dieser Stelle zu weit führen. Da hier nur die wichtigsten Anknüpfungspunkte zu den in der Arbeit aufgestellten Theorien dargestellt werden sollen, kann abschließend festgehalten werden, dass die Entwicklung des Standortes Köln maßgeblich von politischen Entscheidungen angestoßen wurde. Darüber hinaus wurde der öffentlich-rechtliche Rundfunk, in Form des WDR, seiner Rolle als Multiplikator gerecht. Der Bildungsmarkt profitiert von den, unter anderem durch Milieuansätze erklärten, engen Kooperationen der zahlreichen engagierten Institutionen. Die Milieuansätze können auch zur Erklärung der Entstehung des in Köln vorhandenen Agglomerationsvorteils herangezogen werden. Beginnend mit dem Rundfunk konnte Köln, durch aktives Eingreifen der Stadt, die Produktionsbranche und darüberhinaus alle anderen, den Medien zugewandten Branchen (im Sinne der „Creative-Industrie") ansiedeln bzw. halten. Die mittelbaren Standortfolgen für Köln ergeben sich aus der Masse der Effekte, die aus der Dynamik des Cluster entstanden sind und entstehen. Neben der, der Theorie entsprechenden, Branchenstruktur hat Köln besonders unter den Gesichtspunkten: Image, Wirtschaft, Bildung und Ausbildung, Kultur und Infrastruktur von dem, auf dem Dualen Rundfunksystem basierenden, Mediencluster profitiert.

8 Fazit

Eine Differenzierung des Themenkomplexes für das Fazit scheint sinnvoll. Es ergeben sich nämlich zwei Komponenten, die getrennt zu betrachten sind: Die Struktur und die Standortfolgen, die sich aus dem Dualen Rundfunksystem ergeben, gegenüber den Standortfolgen, die ein Mediencluster mit sich bringt.

Bei der Betrachtung des Standortgefüges des Dualen Rundfunksystems bleibt abschließend festzuhalten, dass es als durchaus positiv gewertet werden kann, dass der öffentlich-rechtliche Rundfunk nicht nur eine Grundversorgung (im Sinne des Programmauftrages) gewährleistet, sondern durch seine dezentrale hierarschiche Struktur auch flächendeckende Medienpräsenz ermöglicht. Da der öffentlich-rechtliche Rundfunk auch weitere Institutionen darstellt, die u.a dem Privatrundfunk zu Gute kommen ist auch seine Multiplikatorfunktion, die er erfüllt, als positiv zu werten. Die Ausgaben, die der öffentlich-rechtliche Rundfunk tätigt, stärken sehr oft die regionale Ökonomie.

Die Konzentration der privaten Rundfunkwirtschaft in bestimmten Städten/Regionen ist, auf die Gesamtstruktur bezogen, nicht durchweg positiv. Der Bedeutungsgewinn der Medienregionen/Medienstädte bringt auch immer einen Bedeutungsverlust der Regionen mit weniger starker Konzentration mit sich, so dass sich diese Regionen mit weniger starker Konzentration mitunter schwer tun, an der Wirtschaftskraft des Rundfunks zu partizipieren. Für den Standort, an dem sich ein Mediencluster befindet, überwiegen jedoch die positiven Aspekte. Die wirtschaftliche Bedeutung und die resultierenden positiven Standortfolgen stärken den Standort. Dabei muss betont werden, dass die Standortfolgen für diese Städte/Regionen äußerst umfassend sind und fast alle elementaren Bereiche des Standortes (meist positiv) beeinflussen.

Zu bedenken geben sollte jedoch die Tatsache, dass die (heute vorhandenen) positiven Standortfolgen für die Medienzentren oft von politischer Wettbewerbsverzerrung getragen sind. In Anbetracht der Begehrlichkeiten (in Form der positiven Standortfolgen), die durch die Wirtschaftskraft der Medienbranche geweckt werden, ist dies jedoch nicht verwunderlich.

9 Literaturverzeichnis

Arbeitsgemeinschaft der Landesmedienanstalten (Hrsg.) (2008): *ALM Jahrbuch 2007.* Abrufbar unter: http://www.alm.de/fileadmin/Download/ALM_Jahrbuch_2007_Druck-version.pdf am: 12.03.2009.

Arbeitsgemeinschaft der Landesmedienanstalten (Hrsg.) (2009): *ALM über ZAK.* Abrufbar unter: http://www.alm.de/435.html am: 13.03.2009.

Arbeitsgemeinschaft der Landesmedienanstalten (Hrsg.) (2009a): *ALM: Grundlagen der Arbeit.* Abrufbar unter: http://www.alm.de/50.html am: 17.02.2009.

ARD (Hrsg.) (2006): *Rechtsgrundlagen der ARD.* Abrufbar unter: http://www.ard.de/intern/organisation/rechtsgrundlagen/-/id=54434/13b80qd/index.html am: 10.03.2009.

ARD (Hrsg.) (2007): *Jobs in der ARD.* Abrufbar unter: http://www.ard.de/intern/jobs/-/id=8258/1m7z0kr/index.html am: 23.02.2009.

ARD (Hrsg.) (2008): *ARD Jahrbuch 08 – Statistik.* Abrufbar unter: http://www.ard.de/intern/publikationen/-/id=912298/property=download/nid=8080/1fyizk0/index.pdf am: 10.03.2009.

ARD (Hrsg.) (2008a): *ARD Jahrbuch 08 – Personalien.* Abrufbar unter: http://www.ard.de/intern/publikationen/-/id=912292/property=download/nid=8080/1ed8uaa/index.pdf am: 15.02.2009.

ARD (Hrsg.) (2008b): *ARD Jahrbuch 08 – Chronik und Berichte.* Abrufbar unter: http://www.ard.de/intern/publikationen/-/id=912288/property=download/nid=8080/1o08884/index.pdf am: 12.02.2009.

ARD (Hrsg.) (2009): *Mitglieder der ARD.* Abrufbar unter: http://www.ard.de/intern/mitglieder/-/id=8146/cjedh0/index.htm am: 17.02.2009.

ARD (Hrsg.) (2009a): *Deutsche Welle.* Abrufbar unter: http://www.ard.de/intern/mitglieder/dw/-/id=54726/xkja81/index.html am: 20.02.2009.

ARD (Hrsg.) (2009b): *DEGETO Film GmbH.* Abrufbar unter: http://www.ard.de/intern/organisation/gemeinschaftseinrichtungen/degeto/-/id=54504/1aeoegx/index.html am:02.03.2009.

Beyer, A. / Carl, P. (2004): *Einführung in die Medienökonomie.* Konstanz.

Bremer, D. / Schwaderlapp, W. / Six, C. (2007): *Mediencluster NRW; Innovationen fördern, Strukturen bilden.* Abrufbar unter: http://www.medien.nrw.de/de/home/mediadatabase/mediencluster_nrw.pdf am: 18.02.2009.

Büro für Kulturpolitik und Kulturwirtschaft (Hrsg.) (2009): *Kulturwirtschaft 2006.* Abrufbar unter: http://www.kulturpolitik-kulturwirtschaft.de/LinkClick.aspx?fileticket=YmlIWaPBEL4=&tabid=118 am 05.03.2009.

Der Beauftragte der Bundesregierung für Kultur und Medien (Hrsg.) (2008): *Medien- und Kommunikationsbericht 2008.* Abrufbar unter: http://www.bundesregierung.de/Content DE/Artikel/2008/12/Anlagen/2008-12-17-medienbericht-teil1,property=publicationFile.pdf am:10.03.2009.

Faulstich, W. (Hrsg.) (2004). *Grundwissen Medien.* Paderborn.

Gebühreneinzugszentrale (Hrsg.) (2008): *Geschäftsbericht 2007.* Köln.

Gebühreneinzugszentrale (Hrsg.) (2009): *Rechtsgrundlagen.* Abrufbar unter: http://www.gez.de/aufgaben/rechtsgrundlagen/index_ger.html am: 10.03.2009.

Geschwandter-Andreß, P. (1999): *Medienwirtschaft in Köln.* Abrufbar unter: http://rundfunkoek.uni-koeln.de/institut/pdfs/11699.pdf am: 09.03.2009.

GG (idFv. Juli 1998) Art. 5.

Goldhammer, K. / Hartmann, B. / Martick, A. (2008): *Vielfalt durch privaten Rundfunk – Eckdaten einer Leistungsbilanz.* Berlin.

Gräf, P. / Hellati, H. / Seiwert, P. (2001): *Öffentlich-rechtliche und private Rundfunk- und Fernsehanbieter.* In: Nationalatlas der Bundesrepublik Deutschland – Verkehr und Kommunikation. Berlin, S.118-121.

Gurda, S. (1995): 10 *Jahre duales Rundfunksystem: Entwicklung und Tendenzen.* Marburg.

Hanke, S. (1996): *Der Standortwettbewerb um die Medienwirtschaft – Kommunale Handlungsmöglichkeiten am Beispiel der Region Nürnberg.* Wiesbaden.

Hans-Bredow-Institut (Hrsg.) (1994): *Internationales Handbuch für Hörfunk und Fernsehen 1994/95.* Baden-Baden.

Hoffmann-Riem, W. (2000): *Regulierung der dualen Rundfunkordnung.* Baden-Baden. (= Materialien zur Medienforschung Bd. 37).

Kindermedienland.de (Hrsg.) (2009): *Macher, Infrastruktur, Förderung.* Abrufbar unter: http://kinder-medienland.de/ am: 13.03.2009.

Kommission zur Ermittlung der Konzentration im Medienbereich (Hrsg.) (2008): *Beteiligung und Verflechtung der RTL Group.* Abrufbar unter: http://www.kek-online.de/kek/medien/beteiligung/4rtlgroup.pdf am: 22.02.2009.

Kommission zur Ermittlung der Konzentration im Medienbereich (Hrsg.) (2009): *Elfter Jahresbericht.* Abrufbar unter: http://www.kek-online.de/Inhalte/jahresbericht_07-08.pdf am: 27.01.2009.

Kommission zur Ermittlung des Finanzbedarfs der Rundfunkanstalten (Hrsg.) (2005): *Entstehungshintergrund, Aufgaben und Zusammensetzung der KEF.* Abrufbar unter: http://www.kef-online.de/inhalte/aufgaben.html am: 10.03.2009.

KreativwirtschaftDeutschland (Hrsg.) (2009): *Umsätze und Unternehmenszahlen.* Abrufbar unter: http://www.kulturpolitik-kulturwirtschaft.de/Information/ZahlenundStatistiken /tabid/109/language/de-DE/Default.aspx am: 27.02.2009.

Landesanstalt für Medien NRW (Hrsg.) (2009): *Aufgaben und Chronik der LfM.* Abrufbar unter: http://www.lfm-nrw.de/lfr/aufgaben/ am: 11.02.2009.

Lucht, J. (2006): *Der öffentlich-rechtliche Rundfunk: ein Auslaufmodell?.* Wiesbaden.

Lütke, P. (2004): *Kreative Produktionsmilieus in der Film- und Fernsehwirtschaft.* Münster (= Geographie der Kommunikation Bd.6).

Müderler, K. (2009): 9.6.1950: *Gründung der ARD.* Abrufbar unter: http://kalenderblatt.de/ index.php?what=thmanu&page=1&manu_id=164&tag=9&monat=6&year=2000&dayisset=1&lang=de am:03.03.2009.

Presse- und Informationsdienst der Bundesregierung (Hrsg.) (1998): *Bericht der Bundesregierung über die Lage der Medien in der Bundesrepublik Deutschland 1998.* Abrufbar unter: http://dip21.bundestag.de/dip21/btd/13/106/1310650.pdf am: 12.03.2009.

RfStV (idFv. 19.12.2007) Abschnitt IIII § 36.

Schader, P. (2007): *Gebührenkommission KEF: Das unbekannte Rechnungswesen.* Abrufbar unter: http://spiegel.de/kultur/gesellschaft/0,1518,505075,00.html am: 25.01.2009.

Seufert, W. (2007): *Wirtschaftliche Lage des Rundfunks in Deutschland 2006 – Zusammenfassung der wichtigsten Ergebnisse.* Abrufbar unter: http://www.alm

.de/fileadmin/Dateien/DLM-Studie_Zusammenfassung_2004.pdf am: 20.02.2009.

Sekereva, K (2009): *Kriese trifft Medienstandort Köln.* Abrufbar unter: http://www.handelsblatt.com/unternehmen/it-medien/krise-trifft-medienstandort-koeln;2121476 am: 16.03.2009.

Stadt und IHK Köln (Hrsg.) (2008): *Medien und Kommunikationsstadt Köln.* Köln.

Westdeutscher Rundfunk (Hrsg.) (2009): *Rundfunk der 40er Jahre.* Abrufbar unter: http://www.wdr.de/unternehmen/50jahre/chronik/index.jhtml?do=kategoriesuche&jahr=1940 am: 27.02.2009.

Westdeutscher Rundfunk (Hrsg.) (2009a): *Basis & Struktur – Rundfunkrat: Mitglieder.* Abrufbar unter: http://www.wdr.de/unternehmen/rundfunkrat/mitglieder.jhtml ;jsessionid=4LG0TVZJIQ3B2CQKYXEUTIQ am: 10.03.2009.